Milano
Venezia

이창민 교수는 대표적인 도시 개발 및 도시 재생 연구자로, 한국부동산개발협회 최고경영자과정(ARP)과 차세대 디벨로퍼과정(ARPY)의 주임교수로 활동 중입니다. 30년 넘게 뉴욕, 런던, 파리 등 270여 개 도시의 개발 및 재생 사례를 면밀히 조사하며 도시 경제와 부동산 분야를 연구하고 있으며, 『스토리텔링을 통한 공간의 가치』(2020, 세종도서 교양부문 선정), 『도시의 얼굴』, 『사유하는 스위스』, 『해외인턴 어디까지 알고 있니』 등을 썼습니다. 또한 사단법인 공공협력원 재단의 원장으로서 지속가능한 지역 개발, 글로벌 인재 양성, 나눔 실천, 문화예술 발전에 기여하는 동시에 도시경제학 박사로서 유럽 도시문화공유연구소의 소장직을 맡아 세계 도시들의 문화 경제적 가치를 심도 있게 연구하고 있습니다.

✉ hh902087@gmail.com   🏠 https//travel.hunter.co.kr   @chang.min.lee

도시의 얼굴 - 밀라노·베네치아

초판 1쇄 발행   2024년 11월 15일

지은이   이창민
펴낸이   조정훈
펴낸곳   (주)위에스앤에스(We SNS Corp.)

진행   박지영, 백나혜
편집   상현숙
디자인 및 제작   아르떼203(안광욱, 강희구, 곽수진) (02) 323-4893

등록   제 2019-00227호(2019년 10월 18일)
주소   서울특별시 서초구 강남대로 373 위워크 강남점 11-111호
전화   (02) 777-1778
팩스   (02) 777-0131
이메일   ipcoll2014@daum.net

ISBN   979-11-978576-8-3
세트   979-11-978576-9-0

- 이미지 설명에 * 표시된 것은 위키피디아의 자료입니다.
- 소장처 및 저작권자를 확인하지 못한 이미지는 추후 정보를 확인하는 대로 적법한 절차를 밟겠습니다.
- 이 책에 대한 의견이나 잘못된 내용에 대한 수정 정보는 아래 이메일로 알려주십시오.
  E-mail: h902087@hanmail.net

도시의 얼굴

밀라노
베네치아

이창민 지음

(주)위에스앤에스
We SNS Corp.

《도시의 얼굴 - 밀라노·베네치아》를 펴내며

오늘날 해외 여행이나 출장은 인근 지역으로 떠나는 일과 다름없는 일상적인 경험이 되었습니다. 인공지능(AI), 크라우드, 빅데이터, 사물인터넷(IoT)과 같은 정보통신 기술의 급격한 발전 덕분에 우리는 온라인과 오프라인에서 세계 어느 도시든 손쉽게 만날 수 있는 시대를 살아가고 있습니다. 젊었을 때 열심히 저축하고 나이가 들어 은퇴한 후에야 해외 여행을 계획했던 이전 세대와는 달리, 지금의 세대는 더욱 적극적이고 다양한 형태의 여행을 즐기고 있습니다. 이러한 변화는 단순히 여행 방식의 변화를 넘어, 도시와 도시민을 바라보는 우리의 관점에도 큰 영향을 미치고 있습니다.

이와 같은 맥락에서 《도시의 얼굴 - 밀라노·베네치아》는 필자가 경험했고 기억하는 밀라노와 베네치아라는 두 이탈리아 도시의 독특한 얼굴을 조명하고, 그 속에 숨겨진 깊은 이야기를 독자들에게 전하고자 합니다.

이탈리아의 심장과 영혼이라고 할 수 있는 밀라노와 베네치아 두 도시는 이탈리아를 대표하는 도시를 넘어서 세계적인 영향력을 가진 도시들입니다. 밀라노는 미래를 향해 나아가며 지속가능한 도시 개발과 혁신을 추진하는 한편, 베네치아는 역사적 유산과 그 속에 숨겨진 이야기를 보존하기 위해 끊임없이 노력하고 있습니다.

이탈리아 북부에 위치한 밀라노는 역사와 현대가 조화롭게 어우러진 경제와 문화의 중심지입니다. 밀라노는 로마 제국 시기에 기원을 두며, 중세에는 상업과 금융의 중심지로 성장했습니다. 이탈리아 통일 이후에는 패션과 디자인의 글로벌 허브로 자리 잡아, 오늘날에도 세계적인 패션과 디자인의 수도로 알려져 있습니다. 밀라노의 랜드마크 중 하나인 두오모 대성당은 고딕 양식의 웅장

한 건축물로, 섬세한 조각과 멋진 전망대가 특징이며, 스칼라 극장은 세계적으로 유명한 오페라 하우스로서, 클래식 음악과 공연 예술의 중심지로 자리하고 있습니다.

밀라노는 또한 현대 미술과 디자인의 메카로서 그 혁신적인 감각을 엿볼 수 있습니다. 상징적인 쇼핑 거리인 비토리오 에마누엘레 2세 갤러리아는 럭셔리 브랜드와 고급스러운 쇼핑의 중심지로서, 밀라노의 경제적 활력과 명성을 상징합니다. 또한 스마트 시티와 지속가능한 도시 개발을 추진하며 혁신과 기술의 중심지 역할을 강화하고 있습니다.

베네치아는 이탈리아 북동부에 위치한 독특한 수상 도시로, 5세기경 고대 로마 제국의 붕괴와 함께 바르바로이의 침략을 피해 형성된 섬들 위에 자리 잡고 있습니다. 이 도시는 중세와 르네상스 시기에 해상 공화국으로 번성하며, 상업과 무역의 중심지로 명성을 떨쳤습니다. 베네치아의 랜드마크인 산 마르코 대성당은 비잔틴 양식의 걸작으로, 화려한 모자이크와 역사적 유물로 가득하며, 리알토 다리는 도시의 가장 오래된 다리 중 하나로, 상업 중심지인 리알토 지역을 연결합니다.

그랜드 운하는 베네치아의 주요 수로로, 도시의 주요 건물과 역사적 명소를 가로지르며, 부라노섬은 독특한 화려한 색상과 전통적인 레이스 공예로 유명합니다. 현대 베네치아는 관광과 보존 사이에서 균형을 맞추기 위해 많은 노력을 기울이고 있으며, 모세(Mose) 프로젝트와 같은 대규모 공학적 해결책을 통해 도시를 보호하고 있습니다. 이와 함께 베네치아는 문화유산과 환경을 보호하기 위해 지속적인 노력을 기울이며, 여전히 그 매혹적인 역사와 독창적인 미적 매력을 지닌 세계적인 관광지로 남아 있습니다.

밀라노와 베네치아는 각기 다른 역사와 문화적 배경을 가진 도시들이지만, 그들은 모두 도시의 정체성과 개성을 형성하는 중요한 요소들을 공유합니다. 밀라노는 패션과 디자인, 예술의 중심지로서, 역사적인 건축물과 현대적인 발전이 조화를 이루고 있습니다. 포르타 누오바와 시티라이프와 같은 대규모 도시 재개발 프로젝트는 밀라노의 현대적인 스카이라인을 형성하며, 지속가능한 도시 발전의 모델을 보여 줍니다. 조나 토르토나와 폰다치오네 프라다와 같은 예술 산업 단지와 미술관들은 폐허가 된 공업 지역을 예술과 문화의 중심지로 재생한 성공적인 사례로 꼽히고 있습니다.

베네치아는 중세와 르네상스 시대의 건축과 예술을 잘 보존하고 있습니다. 아르세날레와 자르디니는 과거 조선소와 무기고 부지를 현대적인 예술 전시 공간으로 재생한 사례이며, 베네치아 비엔날레는 전 세계 예술가와 관객들이 모여드는 현대 예술의 플랫폼으로 자리매김하고 있습니다. 베네치아는 이러한 도시 재생을 통해, 역사와 현대가 공존하는 도시로서의 정체성을 유지하며 그 매력을 세계에 알리고 있습니다.

"무엇이 도시의 얼굴을 만드는가?" 이 질문은 도시의 정체성과 개성을 형성하는 다양한 요소들을 탐구하는 데서 출발합니다. 도시란 단순한 물리적 공간을 넘어, 그 속에 살아가는 사람들, 역사, 문화, 경제적 배경이 어우러져 만들어지는 복합체입니다. 도시의 얼굴은 이러한 다양한 요소들이 상호작용한 결과로 형성되며, 이 과정에서 도시의 독특한 정체성과 개성이 탄생합니다.

이 책은 밀라노와 베네치아가 어떻게 그들의 독특한 얼굴을 가지게 되었는

지, 그리고 그 얼굴이 어떻게 현재의 모습을 만들어 왔는지를 탐구합니다. 도시 계획, 건축, 사회적 요인, 문화적 배경 등을 중심으로, 밀라노와 베네치아가 어떻게 독특한 도시로 발전해 왔는지를 분석합니다.

이 책이 단순히 밀라노와 베네치아를 소개하는 데 그치지 않고, 도시가 어떻게 발전하고 변화하며, 또 어떤 도전에 직면하고 있는지 이해하는 데 도움이 되기를 바랍니다. 필자는 도시의 얼굴을 집필하면서 책에 담긴 내용들을 보다 현실감 있게 다루기 위해 현지 도시에 직접 여러 차례 거주하며 해당 도시 이야기들을 현장에서 집필했습니다. 도시를 사랑하고, 여행을 즐기며, 도시의 역사와 문화를 공부하는 모든 이들에게 이 책이 작은 영감이 되기를 기대합니다.

마지막으로, 이 책이 세상에 나올 수 있도록 아낌없는 격려와 지원을 보내 주신 한국 부동산개발협회 창조도시부동산융합 최고경영자과정(ARP)과 차세대 디벨로퍼 과정(ARPY) 가족 여러분, 그리고 김원진 변호사님, 정호경 대표님 등 사회 공헌 가치에 공감하고 동참해 주시는 공공협력원 가족 여러분, 1년여 동안 책의 출판을 위해 도와주셨던 아르떼203 여러분, 그리고 저를 아껴 주시는 모든 분들께 감사의 말씀을 전합니다.

밀라노와 베네치아라는 두 도시의 특별한 얼굴을 발견하고, 그 안에 담긴 이야기를 깊이 있게 이해하는 여정이 되기를 바랍니다.

2024년 11월 이 창 민

목차

베네치아

이탈리아(Italy)
전체 지도 및 주요 도시

트렌티노알토아디제
Trentino-Alto Adige

프리울리베네치아줄리아
Friuli Venezia Giulia

롬바르디아
Lombardia

베네토
Veneto

베네치아

발레다오스타
Valle D'Aosta

밀라노

토리노

피에몬테
Piemonte

제노바

에밀리아로마냐
Emilia-Romagna

리구리아
Liguria

피렌체

마르케
Marche

토스카나
Toscana

움브리아
Umbria

아브루초
Abruzzo

라치오
Lazio

로마

몰리세
Molise

캄파니
Campa

나폴리

사르데냐
Sardegna

칼리아리

팔레르모

시칠리아
Sicilia

바리

풀리아
Puglia

실리카타
asilicata

칼라브리아
Calabria

1

이탈리아 개황

이탈리아 공화국
(La Repubblica Italiana)

1. 이탈리아 개요

- 면적 - 30만 1,333km²(한반도의 1.36배)
- 수도 - 로마(Roma)
- 인구 - 5,876만 명(2023년)
- 민족 - 이탈리아인(북부: 프랑스계, 오스트리아계, 슬라브계 / 남부: 알바니아계, 그리스계 소수 거주)
- 기후 - 지중해성 기후, 전국적 온화, 북부 일부 지역 대륙성 기후
- 언어 - 이탈리아어(국경 지역은 독일어, 프랑스어, 슬로베니아어 병용)
- 종교 - 가톨릭(75%), 무종교(10%), 개신교(5%), 이슬람(5%), 기타(5%)
- GDP - 2조 2,555억 달러(2023년)
- (1인당 GDP) - 3만 8,325달러(2023년)
- 행정구역 - 20개 주(5개 특별자치주, 107개 도, 7,960개 자치도시)

 30만 1,333km²

 5,876만 명

 2조 2,555억 달러

- 2022년 10월 제1당의 당수인 조르자 멜로니가 이탈리아 공화국 설립 이래 최초의 여성 총리로 취임
- 집권 1년 차에도 높은 지지율을 보이며 전반적으로 안정적인 국정 운영으로 대외적 신뢰도를 유지함
- 이탈리아는 EU와 NATO를 주요 축으로 하고 있으며, 이외 지중해 주변 국가와 적극적 협력으로 정치적 파트너십 다변화를 구축하고 있음
- 최근 보호무역주의와 지정학적 불확실성이 지속되며 대중 및 대러 외교 관계는 약화되고 EU 중심주의가 강화되고 있음

2. 정치적 특징

정부 형태 - 민주공화제

국가 원수 - 대통령: 세르지오 마타렐라(Sergio Mattarella) ※ 2015년 2월 취임
(실권자)　총리: 조르자 멜로니(Giorgia Meloni)※ 2022년 10월 22일 취임

선거 형대 - 정당명부식 비례대표제

주요 정당 - 민주당(PD), 오성운동(M5S), 리그당(Lega), 전진이탈리아당(FI) 등

기타 - ※ 대통령 임기 7년(재선 가능)

세르지오 마타렐라
대통령*

조르자 멜로니
총리*

- EU 국가 중에서 지중해 국가와의 협력에 가장 적극적인 모습을 보이고 있으며 특히 이집트,
리비아, 알제리 등 북아프리카 주요 국가들과 에너지 공급 협약으로 세계 에너지 위기 상황
에 적절히 대처하기 위한 파트너십과 네크워크를 강화함

3. 이탈리아 약사(略史)

연도	역사 내용

BC 753   로물루스에 의한 로마 건국 신화

('로마'라는 이름은 로물루스의 이름에서 유래됨)

BC 509~27 공화정 시대

로마에서 공화정이 시작되어 원로원에서 매년 2명의 집정관을 선출하여 통치함

BC 300   남부 이탈리아의 그리스 식민 도시들을 정복하여 이탈리아 반도를 통일함

BC 146   카르타고와 마케도니아를 병합하며 점차 영토를 확대함

BC 60   카이사르(시저)가 권력의 전면에 나서면서 공화정의 시대는 종말을 알리기 시작함.

카이사르, 폼페이우스, 크라수스는 권력을 나누어 세 명이 국가를 지배하는 삼두 정치 체제를 형성함

BC 27~AD 180

제정 시대(BC 27-AD 476)

옥타비아누스가 원로원으로부터 아우구스투스라는 칭호를 받으면서 로마 제국 시대 가 시작됨, 이후 180년까지 약 200년간 5현제에 의해 로마 제국 최고의 전성기를 맞이함

BC 313   밀라노 칙령에 의한 기독교 공인

BC 395   동·서 로마로 분리

476   게르만 출신 용병 대장인 오토아케르에 의해 서로마가 멸망함

(동로마 제국은 기독교와 헬레니즘 문화를 바탕으로 이후에도 발전)

962   오토 1세에 의해 성립된 신성로마 제국의 통치하에 들어감

1100   중세 도시국가 시대(11세기~19세기 초)

- 도시국가의 형성과 르네상스(11~16세기)

- 도시국가의 쇠퇴(16세기~19세기초)

1453   동로마 제국이 멸망하고 튀르키예(터키)의 지중해 진출.

대서양 중심의 영국, 스페인, 포르투갈, 프랑스 등이 강력해지면서 이탈리아 세력이 약화됨

| 1861 | 비토리오 에마누엘레 2세를 국왕으로 이탈리아 왕국이 수립됨 |

출처: 위키피디아

1871	로마를 수도로 정하고 통일 이후 남부와 북부의 경제 격차 해소를 위해 식민지 경영
1900	19세기 초 이탈리아 국가 통일
1913	보통선거 실시
1929	무솔리니(Mussolini)에 의한 파시스트 독재 정권 성립
1943	무솔리니가 권좌에서 쫓겨나고 바도리오 임시정권(43.7~44.2)이 발족
1946	제헌의회 구성, 국민투표 실시
1948.1.1	이탈리아 공화국 헌법 선포
1955	유엔(UN) 가입
1960년대	일 붐(Il Boom)이라 불리는 경제 기적의 시기를 거침
1960	1960.8.25.~1960.9.11 제17회 하계 올림픽 개최
1970년대	올리브연합, 공산재건, 북부동맹, 자유동맹 등으로 정계가 개편되면서 새로운 정당 등장
1980년대	납의 시대의 종식, 국제 유가 안정으로 경제 부흥기 다시 도래
1991	이탈리아 공산당은 공산주의를 포기하고 좌파민주당으로 재창당함
1992	축구 월드컵 개최
현재	EU와 G7의 세계 선진국으로 부상

4. 이탈리아 행정구역(20개)

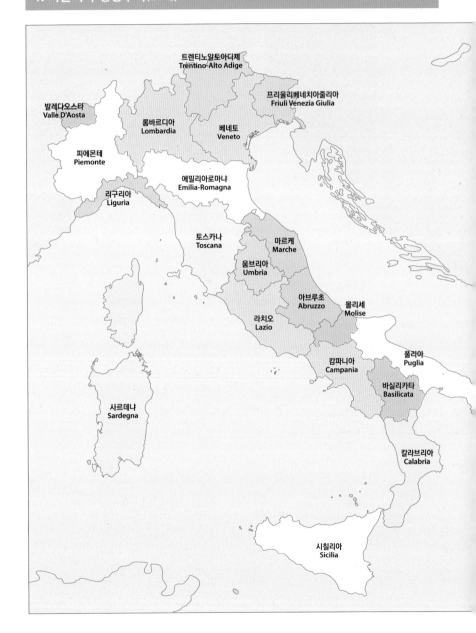

발레다오스타
Valle D'Aosta

트렌티노알토아디제
Trentino-Alto Adige

프리울리베네치아줄리아
Friuli Venezia Giulia

롬바르디아
Lombardia

베네토
Veneto

피에몬테
Piemonte

에밀리아로마냐
Emilia-Romagna

리구리아
Liguria

토스카나
Toscana

마르케
Marche

움브리아
Umbria

아브루초
Abruzzo

라치오
Lazio

몰리세
Molise

캄파니아
Campania

풀리아
Puglia

바실리카타
Basilicata

사르데냐
Sardegna

칼라브리아
Calabria

시칠리아
Sicilia

■ 이탈리아 행정구역은 20개의 레조네(Regione, 주), 107개의 프로빈차(Provincia, 도) 및 치타 메트로폴리타나(Città Metropolitana, 광역시), 7,960개의 코무네(comune, 시)로 이루어져 있음

구분	주명	면적(km²)	인구(명)
1	롬바르디아(Lombardia)	23,863	10,342,000
2	라치오(Lazio)	17,232	5,745,000
3	캄파니아(Campania)	13,671	5,615,000
4	베네토(Veneto)	18,345	4,883,000
5	시칠리아(Sicilia)	25,832	4,825,000
6	에밀리아-로마냐(Emilia-Romagna)	22,453	4,452,000
7	피에몬테(Piemonte)	25,387	4,302,000
8	풀리아(Puglia)	19,541	3,945,000
9	토스카나(Toscana)	22,987	3,698,000
10	칼라브리아(Calabria)	15,221	1,870,000
11	사르데냐(Sardegna)	24,100	1,604,000
12	리구리아(Liguria)	5,416	1,535,000
13	마르케(Marche)	9,427	1,524,000
14	아브루초(Abruzzo)	10,831	1,307,000
15	프리울리-베네치아 줄리아(Friuli-Venezia Giulia)	7,924	1,219,000
16	트렌티노-알토 아디제(Trentino-Alto Adige)	13,616	1,111,000
17	움브리아(Umbria)	8,464	930,000
18	바실리카타(Basilicata)	10,073	559,000
19	몰리세(Molise)	4,460	324,000
20	발레 다오스타(Valle d'Aosta)	3,261	143,000

5. 이탈리아 근대 통일의 우상

1) 비토리오 에마누엘레 2세(Vittorio Emanuele II)
이탈리아 왕국의 국왕(1820.3.14.~1878.1.9.)

비토리오 에마누엘레 2세*

내용	- 통일된 이탈리아 왕국의 첫 번째 왕이었으며 1849년부터 1861년 3월 17일까지 사르디니아의 왕으로 통치하다가 제2차 이탈리아 독립 전쟁 이후로 이탈리아의 왕으로 선포됨 - 1852년 당시 백작이었던 카보우르를 총리로 임명하고 공화당 좌파를 탄압하여 자신의 지위를 공고히 했고 1855년에 크림 전쟁 동안 프랑스와 영국군 편에 원정대를 파견하는 등 이탈리아의 통일을 위해 전략적으로 노력함 - 제3차 이탈리아 독립 전쟁 때 영토를 확장했고 이번에는 프로이센과 동맹을 맺었으며 프랑스군이 철수한 후 로마를 점령하고 로마를 이탈리아의 수도로 삼았으며 경제적, 문화적 문제만을 다루면서 남은 통치 기간을 보냈고 교황 비오 9세에 의해 파문이 취소된 직후 로마에서 세상을 떠남
인물 약사	1820년: 오스트리아의 카를 알베르트와 마리아 테레지아의 장남으로 출생 1848년: 제1차 이탈리아 독립 전쟁에 참전함 1849년: 아버지가 왕위를 물려받은 후 피에몬테-사르디니아의 왕이 됨 1852년: 카밀로 디 카보우르 총리 임명 1853년: 러시아와의 크림 전쟁에 참전함 1854년: 제2차 이탈리아 독립 전쟁에 참전함 1859년: 오스트리아에 대한 이탈리아-프랑스 캠페인을 시작하고 교황을 바티칸 시국으로 몰아넣은 것을 계기로 가톨릭교회에서 파문당함 1861년: 빅토르 에마누엘레를 왕으로 하여 이탈리아 왕국이 세워짐 1866년: 제3차 이탈리아 독립 전쟁에 참전함 1871년: 로마를 점령하고 도시를 이탈리아의 수도로 삼음 1878년: 로마에서 사망

2) 주세페 가리발디(Giuseppe Garibaldi)
이탈리아 장군(1807.7.4.~1882.6.2.)

주세페 가리발디*

내용
- 이탈리아의 장군, 애국자, 혁명가이자 공화주의자였으며 이탈리아 통일과 이탈리아 왕국 건국을 이끌었고 이탈리아 조국의 아버지 중 한 명으로 여겨질 뿐 아니라 남미와 유럽에서의 군사 활동으로 '두 세계의 영웅'으로도 알려져 있음
- 1848년 밀라노 임시 정부에 의해 장군으로 임명되었고, 1849년 전쟁부 장관에 의해 로마 공화국의 장군으로 임명되었으며, 비토리오 에마누엘레 2세의 동의를 받아 천인 원정대를 이끌었음
- 1861년 그의 노력 덕분에 이탈리아는 완전히 통일되었고 그는 이탈리아의 국민적 영웅으로 칭송받았을 뿐 아니라 현재까지도 그의 이름은 이탈리아의 도로, 광장, 박물관 등 다양한 장소에 사용되어 그의 업적을 기리고 있음. 가리발디는 이탈리아 역사상 가장 중요한 인물 중 하나로 기억되고 있음

인물 약사
1807년: 프랑스 제국에서 출생
1833~1834년: 피에몬테-사르디니아 왕국의 해군으로 복무함
1835년: 브라질의 라가머핀 전쟁에서 라가머핀(파라포스)으로 알려진 반군에 합류하여 리오그란덴세 공화국과 카타리넨세 공화국을 설립하는 데 동참함
1836~1848년: 남아메리카에서 망명 생활을 함
1842년: 해방 전쟁에서 우루과이 해군을 지휘함 우루과이의 몬테비데오에서 새로 결성된 이탈리아 군단인 최초의 레드셔츠(Redshirts) 부대를 지휘함
1848년: 오스트리아와의 독립 전쟁에 참전함. 루이노와 모라조네에서 오스트리아군과 두 차례 교전에서 성공적인 승리를 거둠
1849년: 교황령에서 선포된 로마 공화군을 지원하기 위해 로마로 이주함
1854~1860년: 제2차 이탈리아 독립 전쟁에 소장으로 참전함. 자원봉사 부대를 결성하여 바레세(Varese), 코모(Como) 등에서 오스트리아군을 상대로 승리를 거둠. 비토리오 에마누엘레 2세의 이름으로 시칠리아의 독재자로 선언함
1882년: 이탈리아 왕국 카프레라에서 사망

6. 경제적 특징

3만 8,325달러(2023년) 〈 **1인당 GDP**

경제 성장률 〉 0.6%(2023년)

자동차, 기계, 화학,
가구, 의류 및 직물,
가죽 및 신발, 식품 가공,
세라믹 등 〈 **주요 산업**

수출 〉 6,261억 유로
(2023년, 약 6,743억 달러):
기계류, 금속 제품,
자동차 등 운송기계,
화학 제품, 전기 제품과 식료품,
의류, 섬유, 가구 등

5,917억 유로
(2023년, 약 6,373억 달러):
에너지 관련 품목, 기계류,
운송기기, 전자기기,
플라스틱, 의약품 등 〈 **수입**

화폐 단위 〉 유로(€, Euro)
1유로=1,440.91원(2024.02.20)

▣ 중화학, 공업, 농업 등 산업 전반이 균형적으로 발달
- 자동차, 기계, 제약, 화학, 패션·고급 소비재, 우주항공·방위, 전시 산업 등 분야 강세
▣ 중소기업의 건실성 및 첨단기술이 경제의 강점
- 지역 산업 공동체(클러스터) 중심으로 각 분야 기술 특화
▣ 남북 지역 간 소득 격차 심화
- 농업 기반 남부 지역의 소득은 제조업 기반 중북부 지역 소득의 60~70%에 불과
▣ 2022년 2월에 발발한 러-우크라이나 사태로 이탈리아 경제는 위기에 직면
- 러시아 가스 수입 의존도가 높은 이탈리아는 전쟁의 영향으로 에너지 비용이 급등해 높은 인플레이션을 기록하며 기업과 가계의 부담이 가중
▣ 2023년에 접어들며 경제 전반에 팽배해 있던 불확실성이 다소 완화돼 에너지 가격이 하락하고 치솟던 인플레이션 또한 안정세
- 이탈리아 경제는 서비스업의 상승세에 힘입어 경제 회복 기조가 유지되고 있으나, 10월에 발발한 중동사태와 제조업의 부진으로 실질적 경제 성장은 제한적

7. 이탈리아 건축 양식

▣ 이탈리아 건축은 세계적으로 유명한 다양한 양식과 건축물로 잘 알려져 있으며 수많은 문화적, 역사적 영향을 받아 다채로운 스타일과 형태를 가지고 있음
▣ 로마 제국의 아치와 돔, 비잔틴의 황금색 돔, 고딕의 높은 아치와 석재 장식, 르네상스의 대칭과 조화 및 바로크의 장식적 특징을 드러내는 성당, 궁전, 도시계획, 전통적인 주택 등 다양한 형태의 건축물이 풍부한 것으로 유명함
▣ 특히 로마, 피렌체, 베네치아, 밀라노 등의 도시에는 세계적으로 유명한 건

축물들이 위치해 있어서 많은 이들의 관심을 끌고 있는 것은 물론 풍부한 역사와 아름다움으로 인해 현재 미술과 문화의 중심지로서 세계적인 인기를 누리고 있음

• 피렌체의 산타 마리아 델 피오레 대성당*

1) 고대 로마 양식(서기전 1년~서기 4세기)

- 로마 시대에는 인류 역사상 건축 기술에서 가장 위대한 발전을 이룩했으며 이후 생긴 모든 서양 건축물은 이때의 건축물을 모델로 하여 발전, 변형된 것이라고 할 수 있음
- 로마 시대 건축 양식의 가장 큰 특징은 '아치'인데 아치를 활용한 대표적인 건축물로는 콜로세움, 개선문, 다리, 수로 등이 있음
- 로마인은 아치를 확장해 반구형 지붕(돔)을 지을 수 있었고 덕분에 '천사의 디자인'이라 불리는 판테온과 같은 건축물이 탄생함
- 로마 시기에는 바실리카라고 하는 직사각형 모양의 공공 건축물도 지었는데 이러한 건축 모양은 후에 성당 건축 양식의 기본이 됨

• 고대 로마 건축 양식의 예시인 콜로세움*

2) 비잔틴 양식(6~15세기)

- 로마가 동서로 분열되고 서로마는 이민족의 침입으로 476년 멸망했지만 동로마는 비잔틴 제국으로 1,000년 동안 문화적 번영을 누렸으며 이 시기에 이탈리아는 비잔틴 제국의 영향 아래 있었기 때문에 지금도 비잔틴 양식의 흔적이 곳곳에 남아 있음
- 비잔틴 양식의 특징은 황금빛 모자이크로, 대표적인 건축물은 베네치아의 산 마르코 대성당을 꼽을 수 있음. 성당 내부 벽면 전체를 황금, 대리석, 진주, 석류석, 자수정, 에메랄드와 같은 보석으로 화려하게 장식한 것이 특징임
- 비잔틴 건축물의 외관은 비교적 화려하지 않은데 로마의 바실리카 양식을 본떠 직사각형 구조를 기본으로 하고 한쪽 벽면에 움푹 파인 반원형 공간(앱스)을 만들어 둔 것이 특징임

• 비잔틴 양식의 대표적인 예시인 산 마르코 대성당*

3) 로마네스크 양식(10~13세기)

- 서로마 멸망 후 전 유럽이 이민족의 침입에 시달려 중요한 예술품을 제외한 많은 것들이 유실되었고 11세기에 들어 유럽이 조금씩 안정을 찾아 곳곳에 건축물이 다시 들어서게 됨
- 이때의 건축가들은 로마의 건축물들을 재현해 내고자 노력했으며 19세기 평론가들은 이때의 양식을 로마적이라는 뜻의 로마네스크라고 부르기 시작함
- 로마네스크 양식이 로마의 영향을 받은 흔적으로는 반아치 모양의 입구, 로마의 성당을 떠올리게 하는 기하학적인 문양, 바실리카의 구조를 응용한 십자가형 건축 구조 등을 꼽을 수 있으며 이민족의 침입이 많던 시기다 보니 건축 벽면은 두껍게, 창문은 작게 지어서 요새처럼 보이는 것도 특징임
- 이탈리아의 로마네스크 양식은 고딕 양식, 비잔틴 양식과 섞여 지역마다 독특한 특성을 띠고 있는데 대표적인 건축물로는 피사의 두오모, 피렌체 베키오 궁전의 종탑이 있음

• 로마네스크 양식의 대표적인 예시인 베키오 궁전

4) 고딕 양식(13~16세기)

- ▣ 중세 시대 프랑스, 북유럽에서 유행한 양식으로 하늘에 닿고자 한 인간의 열망을 담고 있음
- ▣ 높은 첨탑과 대리석 조각상으로 장식한 외관, 장미창, 뾰족한 모양의 아치(첨두 아치), 스테인드글라스(색 유리로 그림을 그려 놓은 유리창) 등이 있음
- ▣ 북유럽을 지배한 이민족이 로마의 것을 파괴하고 지은 건축물이었기 때문에 이탈리아인은 고딕 양식을 좋아하지 않음
- ▣ 고딕이라는 용어는 16세기 이탈리아 평론가들이 '야만적이다'라는 의미에서 지음
- ▣ 대표적인 건물은 밀라노의 두오모, 베네치아의 두칼레 궁전, 오르비에토 대성당이 있음

• 고딕 양식의 대표적인 예시인 오르비에토 대성당*

5) 르네상스 양식(14~16세기)

- ■ 르네상스란 로마의 부활을 외치던 사회 전반에 걸친 문예 부흥 운동으로 이탈리아에서 시작되어 전 유럽으로 퍼짐
- ■ 건축 양식으로 '로마', '이성', '규칙성'의 특징을 지님
- ■ 로마 시대의 판테온과 같은 커다란 돔 형식의 지붕을 지었고 균형미, 간결함, 감정의 절제를 추구했으며 건축가들이 수학적인 비례를 규칙으로 만들

어 이를 엄격히 준수하고자 함

■ 대표적인 건축물로 피렌체의 두오모와 세례당, 로마의 몬토리오 산 피에트로 성당 내 템피에토, 캄피돌리오 광장 등이 있음

• 르네상스 양식의 대표적인 예시인 캄피돌리오 광장*

6) 바로크 양식(17~18세기)

■ 바로크라는 이름은 '찌그러진 진주'라는 의미의 포르투갈어 '바로코'에서 유래함

■ 르네상스 양식의 차가운 이성에 반대해 일어난 바로크 양식은 거대한 규모와 나선형 송곳처럼 뒤틀리고 물결치는 장식이 특징임

■ 종교 개혁 이후 성직자들은 이러한 바로크 양식으로 성당을 더욱 화려하게 꾸며 기독교의 권위를 되찾고 신도들의 신앙심을 고취하고자 했음

■ 바로크 양식은 로마에서 시작해 유럽 전역으로 퍼져 나갔기 때문에 바티칸의 산 피에트로 광장, 산 피에트로 대성당의 발다키노, 트레비 분수 등 로마 곳곳에는 바로크 양식의 건축물과 분수, 조각이 남아 있음

• 바로크 양식의 대표적인 예시인 성 베드로 대성당*

8. 이탈리아 예술

1) 초기 미술

- ▣ 이탈리아 미술의 시작은 로마 시대부터라고 할 수 있는데, 로마인들은 대제국을 이루면서 삶의 질적 향상을 추구했으며 자연스럽게 예술에 관심을 두기 시작함
- ▣ 당시 지중해 문화의 중심이던 그리스의 영향을 받은 로마는 그리스 미술의 가장 큰 특징인 이상주의에 빠져듦

• 알렉산더와 다리우스의 대결 모자이크(서기전 320~300)*

2) 중세 시대 미술

- ▣ 로마 제국 멸망 후 이탈리아 미술은 기독교 미술을 중심으로 발달했으며 초기 성당이 만들어지는 과정에서 어떤 장식을 하는가는 대단히 어렵고 신중한 문제로 여겨짐
- ▣ 우상 숭배를 철저히 배척하던 기독교인들은 조각은 으레 외면했지만 회화는 글을 모르던 일반인들에게 종교를 전파하는 또 다른 수단으로 인정하면서 초기 성당을 장식하는 주된 요소로 삼음
- ▣ 중세의 미술은 더 이상 예술이 아닌 종교를 전하는 도구로 전락하면서 사실주의적 표현은 배제되고 삽화가 있는 필사본이나 벽화 등에 이차원적인 표면처럼 원시적인 시각 기술에만 의존함
- ▣ 그림 속에 이야기를 심기 위해 인물이나 사건을 부각시켜 크게 그리고 나머지는 작게 그렸음. 이 시대의 그림을 일반적으로 비잔틴 양식이라 했는데 비잔틴 미술의 핵심은 종교라고 할 수 있음
- ▣ 1267년에 피렌체에서 태어난 조토 디 본도네(Giotto di Bondone)는 그림에

입체감을 넣어 보다 사실적인 그림을 그리기 시작했는데 조토의 등장과 함께 회화의 개념 전체가 바뀌는 계기가 되며 이때부터 기록하는 수단이 아니라 성경의 이야기가 눈앞에 펼쳐지는 듯 사실적으로 표현하는 것이 유행하게 됨

• 조토 디 본도네, 〈애도(Lamentation)〉, 1305년경*

3) 초기 르네상스 시대 미술

- ■ 15세기 이탈리아는 아랍과의 지중해 교역을 통해 엄청난 부를 쌓아 올리게 되었고 부는 곧 예술의 발전을 위한 밑거름이 되었으며 이탈리아 주요 도시 국가들은 자신들의 도시를 부각시키기 위해 예술을 활용함
- ■ 대표적인 예로 피렌체의 메디치(Medici) 가문이 있는데 메디치가의 영주인 코시모 데 메디치(Cosimo de Medici)는 예술 부흥을 위해 많은 돈을 투자하여 피렌체시 전체에서 수많은 인재를 발굴함

- 건축가 브루넬레스키(Brunelleschi)가 발견한 원근법을 회화에 도입하여 그림 속에 공간을 만들어 내기 시작했고 과거에는 생각하지 못했던 기법과 창의력이 발휘되는 계기가 됨
- 원근법을 완벽히 이해하는 기술적인 요소만을 강조하다 보니 미술에서 가장 중요한 요소인 아름다움, 즉 조화의 미술이 사라지게 되었으며 실제 그 당시의 그림들은 원근법을 이용하여 훌륭히 묘사하고 있지만 그 주제와 배경은 조화를 이루지 못하고 있는 것이 특징임
- 한 세대가 흐른 뒤 피렌체의 몇몇 미술가들은 원근법과 조화로움을 함께 갖춘 작품을 그리기 위해 노력했는데 이 시대의 대표적인 미술가 산드로 보티첼리(Sandro Boticelli)는 원근법에 조화로움이 돋보이는 작품 〈비너스의 탄생〉을 선보이며 또 하나의 변혁을 가져오게 됨
- 이는 미술이 단지 종교에 머무는 것이 아니라 고대 신화 등으로 활동 영역이 확대되고 있음을 내포함
- 하지만 그의 작품도 원근법과 조화로움이 어우러지지만 인체의 표현은 왜곡되는 것을 피하지 못함

• 산드로 보티첼리, 〈비너스의 탄생〉, 1484~1486년경*

4) 르네상스 시대 미술

(1) 레오나르도 다 빈치(Leonardo da Vinci, 1452.4.15.~1519.5.2.)

- 이 시기 르네상스의 진정한 완성을 이룩하는 데 가장 큰 공헌을 한 인물인 레오나르도다 빈치가 등장하는데, 다 빈치는 진정한 천재이자 열정이 넘치는 예술가였음

- 그의 끊임없는 관찰과 도전은 여러 분야에서 다양한 업적을 이루어 내었으며 과거에는 천한 일로 여겨졌던 미술을 철학과도 같은 진정한 학문의 가치로 이끌어 냄

- 밀라노의 산타 마리아 델레 그라치에 성당 부엌에 그린 〈최후의 만찬〉은 르네상스 초기 미술가들이 연구하던 모든 문제를 해결해 준 작품으로 완벽한 구도, 인물과 배경의 조화로움, 인체의 비율까지 고려한 이 시대 최초의 작품

- 레오나르도 다 빈치의 천재성은 라파엘로(Raffaello)를 포함하여 많은 예술가들에게 직간접적으로 영향을 끼치게 되는데 르네상스의 전성기는 15~16세기경으로 고대를 복원하면서 한편으로는 능가하려는 움직임이 절정에 달했고 미래에도 최대의 충격을 준 시기였음

• 레오나르도 다 빈치, 〈최후의 만찬〉, 1490*

(2) 라파엘로(Raffaelio, 1483.4.6.~1520.4.6)

- 37년이라는 짧은 생애였지만 그가 남긴 예술사적 업적은 크고 연속적이며 언제나 최고의 작품이었음. 그 중 〈아테네 학당(The School of Athens)〉은 16세기부터 19세기 후반까지 유럽의 역사를 그리는 화가들에게는 길잡이와도 같은 역할을 함
- 애매모호함이나 신비함, 숨겨진 의미, 이중성, 충격, 거부감, 공부, 전율 등이 전혀 없는 것이 특징임
- 라파엘로는 당시 많은 사람에게 존경받는 인물이었기에 가장 화려한 장례식과 함께 팡테옹에 묻혔음

• 라파엘로, 〈아테네 학당〉, 1510~1511*

※〈아테네 학당〉은 바티칸 궁(Apostolic Palace)에 있는 프레스코 벽화로 교황 율리오 2세의 주문으로 라파엘로가 27세에 그렸음. 철학을 상징하는 그림으로 54명의 철학자가 배치되어 있으며 그림의 양쪽에 서 있는 두 석상은 왼쪽이 아폴론, 오른쪽이 아테나이며 중앙의 두 사람은 플라톤과 아리스토텔레스로 이데아를 중시한 플라톤은 자신의 저서 《티마이오스》를 들고 다른 손으로는 하늘을 가리키고 있으며 현실 세계를 중시한 아리스토텔레스는 《윤리학》을 들고 땅을 가리키고 있는 모습임

(3) 미켈란젤로(Michelangelo, 1475.3.6.~1564.2. 18.)

- ■ 르네상스 전성기를 빛낸 최고의 거장은 누가 뭐라 해도 미켈란젤로였다고 할 수 있는데, 그는 어린 시절부터 미술보다는 조각에 관심이 많았고 인체해부학에 몰두했음
- ■ 걸작 〈천지창조〉는 그 당시 대부분의 미술가들이 꺼렸던 어려운 포즈들을 완벽하게 표현했으며 그림 속 인물들의 움직임에 따른 근육의 변화까지 완벽히 묘사되었고 이 작품으로 미켈란젤로는 그 어떤 미술가도 누리지 못했던 명성을 얻게 됨

• 미켈란젤로, 〈천지창조〉, 1511*

(4) 티치아노(Tiziano, 1488~1576)

- ■ 천재 르네상스의 시대에 피렌체 미술이 구도를 중심으로 발달했다면 베네치아는 색채를 중심으로 발전했고 티치아노의 등장과 함께 베네치아 미술에 또 하나의 혁명이 이루어짐
- ■ 티치아노는 레오나르도 다 빈치의 삼각 구도의 틀을 벗어나도 그림을 완성할 수 있다고 확신했고 예기치 않은 구도는 오히려 전체적인 조화는 유지하면서 그림에 생기와 활력을 불어넣었음
- ■ 빛과 공기 그리고 색채를 이용하여 그림의 중심을 완벽히 찾았으며 결국 또 다른 형태의 완성된 미술을 창조해 냄

• 티치아노, 〈우르비노의 비너스〉, 1534*

5) 매너리즘 시대 미술

- 1500~1520년 사이 네 명의 천재가 이끈 르네상스는 곧 미술의 완성이라고 까지 인식되었고 그래서 미술은 더 이상의 발전이 없을 것처럼 여겨졌으며 실제로도 미술은 곧 정체기를 맞이하며 매너리즘 시기를 겪게 됨

- 매너리즘 시대의 미술가들은 대부분 과거 거장들이 이룩해 놓은 것에 얽매여 그 한계를 넘지 못했지만, 이 시기에도 몇몇 화가는 새로운 미술을 끊임없이 추구함

- 대표적인 미술가로는 티치아노의 제자였던 틴토레토가 있으며 르네상스 시대의 작품들은 성경 속 이야기를 교훈적으로 미화시켜 그리는 경향이 강했는데 틴토레토는 이러한 교훈적 작품이 아닌 성경 속 이야기를 좀 더 극적으로 표현하고자 함

- 틴토레토는 빛의 효과를 이용하여 인물을 강조했고, 좀 더 격동적으로 인물

의 동작을 표현하여 보다 극적으로 보이게 함

■ 틴토레토를 통해 르네상스는 이제 더 이상 새로운 미술이 아닌 과거가 되었
으며, 이탈리아에서는 새로운 미술이 태동하기 시작함

• 틴토레토, 〈최후의 만찬〉, 1592~1594

출처: Flickr

6) 바로크 시대 미술

■ 르네상스의 기술적인 발전과 매너리즘의 감성적인 발전이 융합되면서 보다
격정적이고 극적인 미술이 등장하는데 이 시대를 바로크라 부름

■ 신대륙의 발견과 함께 유럽의 경제 중심이 지중해에서 대서양으로 바뀌면
서 이탈리아의 주요 경제 도시들이 몰락하고 미술 또한 빛을 잃어갔는데 부
를 유지할 수 있었던 로마 교황청은 1517년 종교 개혁으로부터 자신들을 보
호하기 위해 반종교 개혁을 펼치면서 당시 미술을 적극 활용함

■ 이때 미술을 적극 활용한 것이 바로크 시대를 이끈 원동력이 되었고 로마
에서 불붙은 바로크 미술의 발전에는 밀라노 출신의 카라바조가 많은 영향
을 줌

- 카라바조는 순간의 장면을 포착하여 그리길 좋아했는데 장면을 보다 극적으로 표현하기 위해 빛을 이용하여 보다 강렬한 형태의 그림을 완벽히 그려낸 것이 특징임
- 17세기에 들어서면서 유럽은 이탈리아에서 프랑스, 스페인 등으로 그 중심이 옮겨졌으며 이탈리아 경제는 자연스레 쇠락기에 접어들었음. 미술 또한 쇠퇴의 길을 걷게 되고 바로크 시대 이후 미술은 스페인, 프랑스, 플랑드르 지방에서 더욱 유명해짐

• 카라바조, 〈의심하는 도마〉, 1602

출처: exbible.net

9. 비즈니스 매너 및 에티켓

(1) 복장

- 장소와 용무에 적합한 의복 착용을 중시함
- 반드시 정장 차림으로 참석하여 상대방에 대한 예의를 표시할 것

(2) 관계

- 인간적인 면과 인간적 교류를 중시함
- 상대방에 대한 신뢰감이 형성되어 있는 경우 비즈니스 진행이 수월해짐

(3) 의사소통

- 미팅 전후 바이어 문의에 신속하게 답변할 필요가 있음
- 이탈리아 사람들은 감정을 숨기지 않고 잘 나타내는 경향이 있는데 표정, 제스처를 많이 사용하여 자신이 원하는 바를 전달함

(4) 약속

- 서신 교환이나 전화보다 면 대 면 미팅을 선호함
- 정확한 시간 약속 준수를 선호함
- 항상 약속 시간 5분 전에 도착할 것
- 직접 대면하는 것이 좋으며 시간 엄수 주의

(5) 선물·식사

- 고가의 선물은 자칫 상대방에게 부담을 줄 수 있음을 유의할 것. 대체로 실용적이고 의미 있는 선물 또는 공예품이나 한국 관련 상품을 선호함
- 자국 요리 문화에 대한 자부심이 높으므로 현지 요리 및 식사 예절에 대한 지식 섭렵은 도움이 됨
- 기본적으로 유럽의 식사 예절과 같으며, 식사 시 쩝쩝 소리를 내는 것은 자

제할 것

■ 크지 않은 전통적인 선물이 좋으며 현지 요리 및 식사 예절에 대한 사전 지식을 습득할 것

(6) 인사·대화

■ 눈은 항상 상대방을 응시하고 악수는 힘있게 하여 관계에 대한 확신과 자신감을 보여 줄 것

■ 귀를 튕기는 행위나 턱을 손가락으로 두드리는 행위는 무례하게 받아들여지므로 유의할 것

■ 정식 호칭 사용할 것(남자는 세뇨르, 여자는 세뇨리타 혹은 세뇨라)

■ 이탈리아의 문화, 역사, 요리 등에 관한 화제로 상담을 시작할 것

⇒ 자신감 있고 당당한 태도와 이탈리아 문화에 대한 사전 지식 습득 필요

2

밀라노의
도시 재생 및 개발 정책과 현황

1. 밀라노 개황

1) 개요

면적	181.76km²(서울의 0.3배)
인구	137만 1,498명(2022년)
인종 구성 분포	이탈리아(80.1%), EU 지역(2.3%), 기타 유럽 국가(1.5%), 아프리카(4.5%), 아시아(8.2%), 남미(3.3%), 기타(0.1%)
위치 (이탈리아 북부)	
기후	중위도의 사계절 온난 습윤 기후(Cfa)
주요 특징	- 로마가 이탈리아의 행정수도라면 밀라노는 경제, 산업의 수도로 토리노와 제노바를 잇는 경제 삼각지대 벨트를 형성하고 있음 - '밀라노'라는 이름은 '평야의 가운데'라는 의미의 '메디올라눔(Mediolanum)'에서 유래함 - 2차 세계대전 종전 이후까지 각지에서 이주민이 모여들면서 도시의 규모와 산업 기반이 크게 확장되었으며 현재 이탈리아 증권거래소, 주요 금융기관의 본점, 다국적 기업이 집중되어 있음

주요 특징	- 역사 깊은 도시로 많은 문화재와 문화 시설이 있는 관광의 중심지로서 두오모 성당, 라 스칼라 극장, 레오나르도 다 빈치의 나빌리 운하(설계), 〈최후의 만찬〉, 미켈란젤로의 〈론다니니의 피에타〉 등 밀라노를 대표하는 예술품이 남겨진 도시임 - 패션, 디자인 등의 분야에서 세계적인 경쟁력을 보유한 세계 패션의 중심 도시이자 디자인 위크 등으로 유명한 디자인 중심지. 이탈리아 음악, 스포츠, 문학, 예술, 미디어의 중심지로서 주세페 베르디 등 여러 재능 있는 작곡가들이 활동한 곳으로서 특히 오페라는 오랜 전통을 간직하고 있음 - 롬바르디아주에 속해 있는 밀라노 광역시는 유럽 대도시권 단위 GDP 기준 런던, 파리, 마드리드에 이어 4위에 달해, 이탈리아에서 가장 소득 수준이 높은 지역 중 하나 (유럽통계청, 2020)

▪ **밀라노의 행정구역**

구분	행정구역	면적 (km²)	인구(명) (2022년)
1	첸트로 스토리코(Centro Storico)	9.67	97,897
2	밀라노 첸트랄레(Milano Centrale), 고를라(Gorla), 투로(Turro), 그레코(Greco), 크레셴차고(Crescenzago)	1.58	160,873
3	치타 스투디(Città Studi), 람브라테(Lambrate), 포르타 베네치아(Porta Venezia)	14.23	142,726
4	포르타 비토리아(Porta Vittoria), 포를라니니(Forlanini)	20.95	160,679

구분	행정구역	면적 (km²)	인구(명) (2022년)
5	비겐티노(Vigentino), 키아라발레(Chiaravalle), 그라토솔리오(Gratosoglio)	29.87	124,094
6	바로나(Barona), 로렌테조(Lorenteggio)	18.28	150,159
7	바조(Baggio), 데 안젤리(De Angeli), 산 시로(San Siro)	31.34	173,791
8	피에라(Fiera), 갈라라테세(Gallaratese), 콰르토 오자로(Quarto Oggiaro)	23.72	190,059
9	포르타 가리발디(Porta Garibaldi), 니구아다(Niguarda)	21.12	186,007

2) 밀라노 주요 거주 지역

출처: Google Map

구분	특 징
1. 브레라 (Brera)	- 밀라노의 중심부에 위치하고 있으며 아트갤러리, 트렌디한 부티크, 아늑한 카페, 보헤미안 거리 등이 있음 - 대중교통과 잘 연결되어 있으며 어느 곳에서나 도보로 30분 이상 걸리지 않음 - 유명한 브레라 미술관, 식물관 및 천문대 등이 위치함 - 범죄율이 낮아 가족 단위 주거 지역으로 적합함

구분	특징
2. 셈피오네 (Sempione)	- 버스, 트램 등 대중교통과 잘 연결되어 있는 안전하고 평화로운 동네로 도심에 비해 교통과 소음이 적어 조용한 환경을 원하는 가족들에게 추천함 - 세련된 빌라, 타운하우스, 개인 정원이나 테라스가 있는 아파트가 많음 - 주변에 파르코 셈피오네(Parco Sempione) 공원, 평화의 아치(Arco of Peace)로 알려진 아르코 델라 페이스(Arco della Pace), 카스텔로 스포르체스코(Castello Sforzesco) 등이 있음
3. 센트로 스토리코 (Centro Storico)	- 도시 중심부에 위치하여 주요 명소, 레스토랑, 바, 상점에 쉽게 접근할 수 있음 - 대부분 보행자 전용 도로로 가족과 산책하기 안전하며 좁은 거리, 숨겨진 모퉁이가 많아 독특하고 매력적인 분위기를 느낄 수 있음 - 밀라노 대성당, 스칼라 극장, 비토리오 에마누엘레 2세 갤러리아 등 주요 랜드마크로 도보 이동이 가능함
4. 콰드릴라테로 델라 모다 (Quadrilatero della Moda)	- 센트로 스토리코, 브레라 바로 옆에 위치한 작은 쇼핑 지구로 고급 의류 브랜드를 볼 수 있음 - 쇼핑을 즐기기에 좋은 지역 중 한 곳이지만 아파트 가격이 높은 편이므로 단기 체류 시 추천
5. 포르타 베네치아 (Porta Venezia)	- 아프리카, 중동 등의 사람들에게 영향을 받은 가장 다문화적인 지역 중 하나로 거의 모든 사람이 이곳에서 환영받고 집처럼 느낄 수 있어 이린이와 함께 이사하기에도 좋음 - 밀라노에서 성소수자들이 살기에 가장 좋은 동네임 - 주변에 쇼핑가 거리인 코르소 부에노스 아이레스 거리, 푸블리치 인드로 몬타넬리(Pubblici Indro Montanelli) 정원 등이 있음
6. 포르타 누오바 (Porta Nuova)	- 밀라노에서 가장 현대적이고 혁신적인 지역 중 하나로 젊은 전문직 종사자들이 선호하는 지역임 - 범죄율이 낮아 아이들이 있는 가족에게 적합함 - 세련된 고층 건물, 현대적인 건축물, 풍부한 녹지 공간을 자랑함 - 포르타 가리발디 기차역과 도시의 주요 기차역에서 도보로 가까운 거리에 위치함
7. 나비글리 (Navigli)	- 도심의 남서쪽에 위치한 곳으로 활기찬 분위기를 느낄 수 있으며 다양한 엔터테인먼트 활동이 많아 젊은 전문가와 창작자들에게 이상적인 곳임 - 두 개의 운하로 둘러싸여 있으며 운하 주변에는 자갈길, 빈티지 상점, 고풍스러운 카페 및 레스토랑 등 수많은 장소가 모여 있음 - 주변에 뮤덱(MUDEC, 밀라노 문화 박물관), 미술관, 음악 공연장 등이 있으며 특히 자전거를 타기 좋은 곳이 많음
8. 산 시로 (San Siro)	- 도심 서쪽에 있는 곳으로 축구 경기장이 있는 곳으로 잘 알려져 있음 - 많은 공원과 녹지 공간이 있는 평화로운 주거 분위기를 제공하며 현대적인 아파트 및 가족 친화적인 타운하우스를 볼 수 있음 - 상대적으로 주택 가격이 저렴하여 다양한 예산을 수용할 수 있음 - 도시 중심에서 약 5km 떨어져 있어 중앙 지역만큼 혼잡하지 않으며 산 시로 스타디움(San Siro Stadium) 지하철역을 이용하면 도시의 다른 지역으로 쉽게 이동 가능

구분	특 징
9. 이솔라 (Isola)	- 도심 중앙의 북쪽에 위치한 곳으로 활기 넘치는 거리 예술, 아늑한 카페, 혁신적인 분위기가 특징이며 밀라노의 다른 지역에 비해 상대적으로 저렴하여 첫 주택 구입자와 젊은 전문직 종사자에게 이상적임 - 한때 노동 계층이 거주했던 지역으로 거리 예술, 젊은 힙스터 무리, 벼룩시장, 중고품 가게 등을 볼 수 있으며 매일 시장이 열리고 근처에 교회가 많음 - 포르타 가리발디 기차역과 가깝고 밀라노 공동묘지(Monumentale Cemetery)에서 산책하기 좋음
10. 포르타 로마나 (Porta Romana)	- 도시 중심부의 남동쪽에 위치한 곳으로 아름다운 건축물과 고급 레스토랑 으로 유명하며 모든 예산에 맞는 주택을 구할 수 있음 - 밀라노에서 장기 생활을 위한 최고의 지역 중 하나로 도시가 조용하고 평화로우며 세계 각국의 음식점이 많이 있음 - 포르타 로마나는 길 찾기가 쉽고 관광 중심지에서 멀리 떨어져 있어 이탈리아 정통의 느낌을 줌 - 보코니 대학교(Università Bocconi) 및 밀라노 대학교(University of Milan)와 모두 가깝기 때문에 학생들에게도 추천하는 지역임
11. 치타 스튜디오 (Città Studi)	- 밀라노의 대학 지구로 학생들에게 인기가 많은 지역이며 활기찬 분위기를 느낄 수 있음 - 대중교통이 잘 되어 있어 중심부까지 약 15분(또는 도보로 약 45분) 소요됨 - 주로 학생 숙소가 많고 다른 지역에 비해 주택 가격은 저렴한 편임 - 주변에 업 사이클(UpCycle, 자전거 테마 카페), 운동할 수 있는 다양한 장소 (트램펄린 공원, 스포츠 경기장, 수영장 등)가 있음
12. 조나 토르토나 (Zona Tortona)	- 나빌리오(Naviglio) 인접 지역으로 과거 산업 지역을 문화예술 마을로 도시 재생한 지역으로 세계 각국의 문화예술품을 전시하는 뮤덱, 베이스 (BASE) 창작 공간, 아르마니(Armani)/사일로스(Silos) 박물관 등이 있음 - 조용하고 평화로운 곳으로 예술 종사자들에게 인기가 많음

3) 밀라노 경제 개황

(1) 금융

- 이탈리아 최대 상·공업 도시(이탈리아 전체 GDP의 9%를 차지)이며 EU 내 주
  요 경제 중심지
- 이탈리아 증권거래소, 이탈리아 주요 은행·기업, 아마존, 구글, 삼성전자 등
  글로벌 기업 본사 다수 소재

  ※ 이탈리아에 진출한 한국 기업 대부분이 롬바르디아 소재

- 98개의 은행사와 40개 이상의 증권거래소 및 보험회사 소재(반카 포폴라레
  디 밀라노, 메디오반카, 유니크레딧, 알렌자 아시쿠라지오니, 비토리아 아시쿠라지

오니 등)

(2) 패션

- 런던, 파리, 뉴욕 등과 함께 세계적 패션 및 디자인의 중심지이자 국제도시로 인구의 20.1%가 외국인(이탈리아 통계청, 2020)
- 이탈리아 패션 관련 기업 및 명품 브랜드의 본사가 소재하고 있으며 1만 3,000개 패션 기업, 850개 쇼룸, 6,000개 매장이 위치함(아르마니, 돌체 & 가바나, 프라다, 베르사체, 발렌티노, 룩소티카 등)

(3) 컨벤션 및 디자인 산업

- 매년 4월에 개최되는 세계 최고 권위의 밀라노 디자인 위크 및 가구박람회를 보기 위해 수많은 관광객이 방문
- 유럽 최대 규모 전시회장(Fiera Milano)을 보유하고 있으며, 섬유·광학·가구·식품 등 분야의 주요 전시회가 연중 개최됨(밀라노 가구 박람회, EICMA, EMO 등)

(4) 문화 및 교육

- 풍부한 문화 유산을 바탕으로 많은 문화 행사가 연중 개최됨
- 이탈리아 교육 명문 도시(이탈리아 최고 명문 사립대 보코니 대학, 폴리테크니코 대학, 밀라노 대학, 가톨릭 대학 등)
- 2009년부터 미식을 도시 브랜드 구축 테마로 선정하여 2015년 밀라노엑스포 개최 후로 미식 분야 발전 추세

  ※ 2022 기준 이탈리아 내 미슐랭 스타 레스토랑(총 378개) 중 롬바르디아에 가장 많은 56개, 밀라노에 16개 소재

(5) 상공업

- 전통적으로 발달한 섬유 공업을 바탕으로 알프스 산맥의 풍부한 수량을 이용하여 금속, 화학, 기계공업 등 이탈리아 최대의 종합 공업 도시가 되었음

- 남부 유럽의 교통 중심이자 이탈리아의 가장 중요한 철도 허브 역할
- 이밖에도 제약과 건강산업 및 엔지니어링 출판사, 관광업 등 다양한 산업을 기반으로 둠

2. 밀라노의 역사

■ 약사

연도	역사 내용
BC 600	켈트족 일파 인수브레스족이 도시 건설
BC 222	로마가 점령해 평야 한복판을 뜻하는 '메디올라눔'으로 명명
286	북부 이탈리아 중심지이자 서로마 제국의 수도로 발전
313	콘스탄티누스 1세 그리스도교의 자유를 보장하는 밀라노 칙령 발표
402	서로마 제국, 수도를 밀라노에서 라벤나로 천도
569	랑고바르드왕국 설립, 200여 년간 밀라노 통치
774	프랑크족에게 항복, 신성로마 제국의 일부로 편입
961	오토 1세 롬바르디아와 리구리아 지방을 한데 묶어 제노바 변경백령 창설
1183	에스테 가문 밀라노 공국 설립
1386	잔 갈레아초 비스콘티 공작 두오모 성당 건립 시작
1447	필리포 마리아 비스콘티 밀라노 공작 사망으로 암브로시아 공화국이 잠시 설립되었다, 프란체스코 스포르차 에 의해 군주정으로 회기
1499	프랑스가 밀라노 공국의 계승권을 주장하며 밀라노를 침공해 프랑스령 북프랑스의 일부로 편입. 곧 오스트리아의 반격으로 스포르차 가문 복귀
1535	스포르차가의 마지막 공작 프란체스코 2세 사망으로 스페인의 펠리페 2세에게 상속
1714	스페인의 지배를 받던 중 스페인 왕위 계승전의 결과로 오스트리아가 밀라노 획득
1796	나폴레옹 이탈리아 침공, 밀라노를 치살피네(Cisalpine) 공화국의 수도로 지정
1815	오스트리아령으로 복귀. 동 시기 리릭 오페라(lyric opera)의 중심지로 발전
1848	오스트리아령에 반발하는 5일간의 독립 투쟁 친퀘 조르나테 디 밀라노(Cinque giornate di Milano) 발생
1859	사르데냐 왕국, 프랑스군과 협력해 롬바르디아주 솔페리노(Solferino)에서 오스트리아군 격퇴
1861	이탈리아 왕국 탄생
20세기	제2차 세계대전 이후 경제 호황으로 급속한 산업 성장을 이룸(패션, 디자인 및 금융의 도시)

밀라노 중앙역
Milano Centrale

폰다치오네 프라다
Fondazione Prada

포르타 누오바
Porta Nuova

몬타넬리 공공 공원
Indro Montanelli Gardens

치미테로 기념비
Cimitero Monumentale

브레라 미술관
Pinacoteca di Brera

ADI 디자인 박물관
ADI Design Museum

스칼라 극장
Teatro alla Scala

두오모
Duomo di Milano

벨라스카 타워
Velasca Tower

암브로시아나 미술관
Ambrosian Library

스포르체스코 성
Castello Sforzesco

보코니 대학교
Università Bocconi

밀라노 트리엔날레
Triennale di Milano

시티라이프
CityLife

산타 마리아 델라 그라치에
Santa Maria delle Grazie

나빌리오 운하
Naviglio Grande

신탐브로조 대성당
Basilica di Sant'Ambrogio

레오나르도 다 빈치 국립과학기술박물관
Museo Nazionale Scienza e
Tecnologia Leonardo da Vinci

조나 토르토나
Zona Tortona

산 시로 경기장
Stadio San Siro

4. 밀라노 도시 역사 및 개발 현황

1) 밀라노 도시 개발 역사

(1) 고대 켈트족과 로마의 지배

- 서기전 600년경 셀틱족에 의해 설립된 고대 도시
- 서기전 222년 로마의 통치가 시작되면서 본격적인 도시 성장(당시 도시 이름 Mediolanum)
- 도시 거리가 격자무늬로 배열되는 등 로마의 도시계획에 상당한 영향을 받았으며 중요한 행정 및 무역의 중심지가 되었음

(2) 중세의 번영

- 서로마 제국이 멸망한 후 주변국의 침략과 견제를 많이 받음
- 11~15세기 신성 로마 제국에 대항하여 롬바르드 동맹을 이끌며 강력한 도시 국가로 성장했으며 1386년에 밀라노 대성당 건립 등 중세 건축을 주도함
- 12세기 농업 발전을 위한 운하가 최초 건설되다가 이후 밀라노 대성당 건립을 위한 대리석 운반 및 상품 운송을 위하여 마조레 호수와 연결하는 나빌리오 운하가 설계됨
- 아울러 군사적 목적으로 신성로마 제국 침략을 막기 위한 인공 운하가 도시의 중추적인 역할을 하게 됨

(3) 르네상스와 외국 지배

- 15세기 말에서 17세기 초 스포르차(Sforza)와 비스콘티(Visconti) 귀족 가문의 통치하에 레오나르도 다 빈치와 같은 예술가들을 끌어들이며 르네상스 예술과 문화의 중심지로 건축 분야가 성장함
- 더불어 스페인, 오스트리아 및 프랑스 열강 등에 의한 지배를 받았는데 스페인의 통치하에 바스티온(Bastions) 성벽과 스포르체스코 성벽이 건설되었음

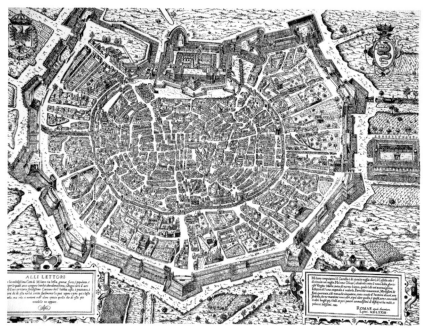

• 1573년 밀라노 지도*

- 1796년 나폴레옹이 이탈리아 침공 후 밀라노를 이탈리아 왕국의 수도로 선언함
- 나폴레옹의 점령이 끝난 후 밀라노는 오스트리아의 지배하에 있었음
- 오스트리아의 통치 아래 새로운 지구의 개발과 도로 및 운하 시스템의 개선을 포함한 현대화 프로젝트가 진행되는 등 산업 확장의 기반을 마련함

※ 도시 구조의 특징
- 밀라노의 도시 구조는 도시가 확장되면서 원형 구심적 도시 구조의 특성을 보여 주는데 도시가 확장할 때마다 새로운 도심 경계를 형성함. 최초, 로마 시대 수로, 중세시대에 건설된 운하, 스페인 점령기에 건설된 환상형의 바스토니 성벽, 외부 순환도로 및 외곽 순환도로로 구성된 5개의 경계들은 도시에 동심원을 형성했으며 방사형으로 확장되었음
- 역사적으로 밀라노의 성장에서 가장 중요한 역할을 한 요소는 수로 및 운하. 밀라노는 물의 도시라 할 만큼 많은 수로와 운하가 건설되어 도시 경제의 중요한 역할을 했는데 나빌리오 대운하(Naviglio Grande), 파베세 운하(Naviglio Pavese), 마르테사나 운하(Naviglio Martesana)가 대표적임

(4) 19세기

- 산업혁명으로 공장과 주거 단지 건축, 철도 및 신규 공공 건물 건축 등 급속한 도시 확장을 통해 밀라노는 이탈리아의 산업과 금융 중심지로 변화함

(5) 20세기의 도전과 성장

- 제2차 세계대전 시 밀라노는 산업적 중요성 때문에 폭격을 많이 당했고 전후 재건 사업을 했으며 전쟁 후 도시는 급속한 경제 호황을 경험함. 그러나 1960년 탈공업화로 인해 도심의 과밀화 해소, 대규모 유휴 공간의 용도 변경 필요성과 새로운 주거, 상업 및 인프라의 필요성이 대두되자 문화예술 도시로서 도시 재생 전략을 수립함
- 아울러 현대식 도시를 위한 고층 건물 스카이라인과 인프라를 재구성하는 도시 개발 프로젝트가 진행됨

(6) 21세기

- 문화, 패션 그리고 디자인 산업 도시이자 선도적인 금융 중심지로 성장 발전하고 있음
- 지속가능한 도시 성장을 위해 도시 재생 프로젝트를 추진하는 동시에 역사적으로 풍부한 유산 건축물을 보존하면서 현대 건축물의 합리적 개발에 초점을 맞추고 있음
- 밀라노는 유럽 역사의 다양한 혼란을 겪으면서도 스스로 적응하고 재창조하는 능력이 강한 도시로서 과거와 현재가 숨쉬는 역동적이면서 융복합적 도시로 변모하고 있음
- 특히 조나 토르토나(Zona Tortona) 도시 재생, 2015년 밀라노 엑스포 개최, 포르타 누오바(Porta Nuova) 및 시티라이프(CityLife)와 같은 대규모 새로운 비즈니스 지구 개발 등을 통해 또 다른 새로운 도시로 변모 중임

2) 도시계획법의 변천

(1) 이탈리아 도시 기본 계획의 변천

- 1942년에 정식으로 제정된 이탈리아의 첫 번째 도시계획법은 도시적 활동의 방향을 설정하고 조정하는 것을 목적으로 공공 서비스를 적절하게 배치하기 위한 공공 도시 실현을 목표로 계획됨
- 1980년 PRG(Piano Regolatore Generale, 일반 규제 계획) 수정안 도입 이후 수백 개의 부분 수정안이 제안, 승인됨. 1980년대부터 유럽에서는 기존 도시계획법의 한계와 도시 간 경쟁력에 대한 논의가 일어나면서 주로 전략적 계획을 통한 도시 정책이 등장하기 시작함
- 전략적 계획이 도입된 많은 경우 경제적 측면이 강조되면서 프로젝트 계획과 실행에 엄청난 추진력을 가져왔지만 종종 구조적 결함이 나타나고 전체 도시 정책에 위험 요소로 작용하기도 함
- 밀라노의 다양한 프로젝트 PRU(Program of Urban Requalification)와 PRUSST(Program of Urban Requalification and Sustainable)의 경우 상대적으로 짧은 시간 안에 광범위한 유휴 공간을 재활용하고 실현했지만 기존 주변 환경과 어울리지 않아 지역과의 분절로 이어지는 경우가 많았음

(2) 밀라노 도시 기본 계획(PRG)의 변천

① 베루토 계획(The Beruto Plan, 1884~1889)
- 19세기 후반까지 도시계획이라는 구체적 마스터 플랜은 수립되지 않았지만 몇몇 중요한 프로젝트와 공공 사업이 진행되었음. 두오모 대성당(Piazza del Duomo)과 갈레리아 비토리오 에마누엘레(Galleria Vittorio Emanuele) 쇼핑 아케이드의 재개발, 스칼라(Scala) 광장과 공공 정원의 개방, 중앙역 건설 및 밀라노 공동묘지(Cimitero Monumentale) 건설 등이 주요 사업이었음
- 1861년 이탈리아 통일 시기에 밀라노는 약 20만 명이 거주한 도시로서 운하와 스페인 군이 세웠던 요새 성벽인 바스티온(Bastions)으로 둘러싸인 도시였음

• 베루토 계획*

- 베루토 계획은 1865년 국가 계획법에 기반한 최초의 도시계획 프로젝트로 밀라노의 도시 개발을 나빌리(Navigli) 지역과 스페인 바스티온(Bastions) 성 벽을 넘어 확장시키기 위해 당시 엔지니어였던 체사레 베루토(Cesare Beruto)가 1884년에 최초 계획을 제시하고 1889년에 최종 승인되어 시행되었음

- 베루토 계획은 19세기 밀라노의 발전을 조율하고 사적 부동산 투기를 제한하기 위한 최초 규제 계획이었음. 주요 원칙은 '상업 개발'과 '필요성'으로 내부와 외부를 통합하고 개방하는 새로운 문과 통행로를 열기 위해 요새 성벽인 바스티온을 개방하는 계기가 되었음
- 따라서 역사적인 구조물을 철거하고 새로운 도시 구조물을 건설하는 등 몇 가지 급진적인 프로젝트가 진행되었으며 주택 투기를 억제하여 녹지의 중요성을 강조함
② 알베르티니 계획(The Albertini Plan, 1934)과 마스터 플랜(the masterplan, 1953)
- 새로운 도시계획 및 확장 계획의 수립을 목적으로 설계자 알베르티니가 1931년에 작성함
- 규제보다 필요에 맞는 도시계획을 목적으로 1934년에 공식적으로 채택됨
- 주요 도시계획은 무분별한 도시 개발을 통제하고 교통 노선을 효율적으로 운용하기 위한 것. 밀라노는 이미 100만 명 이상의 주민이 있고 국가 재건을 필요로 하는 상업적인 대도시로서 활발한 변신이 필요했기 때문에 교통 중심지의 재정비 및 교외 주요 지역을 주거 지구로 변환하는 시도를 함
- 마스터 플랜(the masterplan, 1953)
  마스터 플랜은 1934년 계획의 문제를 다시 다룬 것으로 건물의 1층을 상업용으로 지정하고 거리 파사드를 재조정하며 도로를 확장하는 중요한 원칙을 적용했으며 건축 허가는 건물 높이와 앞의 빈 공간의 깊이의 비율을 기준으로 함. 역사적인 중심을 행정 및 금융 센터로 변경하려 했으나 실현되지는 않았음

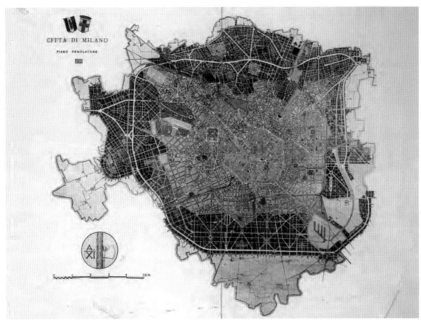

• 알베르티니 계획, 1933   출처: milanocittadellescienze.it

③ 현대 도시계획 - PRG에서 PGT로의 변화
- 밀라노의 도시기본계획(PRG)은 1980년에서 1992년 사이 최소 130개 이상
  너무 많은 수정안이 승인되면서 통일된 논리나 일관성 없는 계획으로 변질됨
- 1970년대부터 억제되었던 건설 산업이 풀리면서 엄청난 양의 건설과 개발
  이 이루어졌으나 질적인 면에서 상당히 낙후된 건설과 개발이 이루어져 전
  반적인 도시환경의 질은 그다지 개선되지 않음
- 당시 도시계획은 단순한 도시 발전 및 부동산 투기 제한 등에 집중될 뿐 장
  기 계획이 부재하여 오히려 행정 및 경제적 부담의 혼선을 초래함
- 일관적 도시계획의 혼선과 부동산 투기 조장으로 인한 도시계획의 혼란을
  극복하기 위해 새로 건설되는 주거 및 상업 공간에 도시 분담금을 부과하고
  그 대가로 보다 간편한 행정을 제공하는 기부채납식의 민간과 공공 상호 원
  원의 전략적 프로젝트를 승인하기 시작함

- 자금화 정책으로 도시의 어려움을 해결하려는 접근은 도시 환경 향상 프로젝트가 아닌 고밀도의 거대 블록으로 나타나 PRU(Program of Urban Requalification), PRUSST(Program of Urban Requalification and Sustainable) 및 PII(Integrated Programs of Intervention)를 통한 개발 프로젝트는 오히려 도시환경의 쇠퇴를 가져올 뿐 아니라 지역의 문화, 주민, 도시 정체성에 악영향을 미치기도 함
- 도시기본계획의 경직되고 정량적인 기준을 지양하기 위해 2000년 도쿠멘토 디 인콰드라멘토(Documento di inquadramento) 제도를 도입하여 도시계획의 기본 규칙을 더 세분화했으며 2005년 롬바르디아주에서 PRG를 대체하는 PGT(Piano di governo del Territorio)로 새로운 도시계획법을 제정하게 되었음
- 밀라노의 PGT는 토지 사용, 사회 기반 시설, 공공 공간, 환경 지속가능성 그리고 경제 개발을 포함한 도시계획의 다양한 측면을 규정하고 있으며 밀라노를 매력적인 도시, 살만한 도시 및 능률적인 도시로 만드는 것을 목적으로 함
- 이 계획은 2010년 7월 승인되었으며 부동산 개발업자만이 아닌 밀라노 시민 전체가 도시 정책의 방향 설정에 참여할 수 있는 실질적인 장치의 필요성을 인식하는 계기가 되었음
- 새로운 도시기본 계획 PGT는 이전의 PRG를 대신하는 도시계획법으로 각 지역 지자체가 그 수립과 승인의 주체로서 도쿠멘토 디 피아노(Documento di Piano, 계획 개괄, DDP), 피아노 데이 세르비치(Piano dei Servizi, 시설계획, PdS), 피아노 델레 레골레(Piano delle Regole, 법규 계획, PdR)로 구성됨
- 2012년 PGT는 환경, 서비스 가용성 및 공공 공간의 재개발 및 방치되거나 사용되지 않는 지역의 효율적 토지 활용 방안에 중점을 둔 도시 전략과 계획의 주요 변화 전략을 신규 승인
- 새로운 PGT의 주요 핵심은 기존 공간의 고밀화 및 재사용, 공공 서비스 창출, 공공 녹지 증가 등 도시 재생 전략을 포함함

3) 도시 개발 전략(밀라노 2030 PGT를 중심으로)

- 2019년 10월 14일 승인된 '밀라노 2030'은 도시의 성장, 경제 발전 및 관광객 증가를 목표로 함
- 2026년 동계올림픽을 기점으로 한 도시의 성장을 중점으로 하며 공평하고 지속가능한 성장을 추구하기 위해 환경 및 기후 변화, 주변 지역 및 이웃, 주택 및 저소득층에 대한 저렴한 임대료 지원 등 살기 좋은 도시 유지를 목표로 함
- 밀라노 2030 PGT 핵심 9가지 과제: 토지 소비 감소, 농업 지역 보호, 새로운 공원 개설, CO2 배출량 감축, 기후 온난화 준비, 대도시 식목 사업, 대도시 건물 지수 관리, 최대 사회주택 비율 증가, 버려진 건물의 재생

(1) 환경 및 기후 변화(지속가능한 개발)

- 밀라노는 환경과 기후 변화에 대응하여 더 많은 공원 등 녹지 공간을 조성하고 토지 소비를 감소시키는 정책을 채택하며 최근 10년 동안 교통량 감소, 대중교통 확대, 폐기물 관리 등의 노력으로 도시의 쾌적한 환경을 유지하려고 노력함
- 기후 온난화에 대비하여 도시 기후 리더십 그룹(Cities Climate leadership group, C40) 네트워크 도시들과 협력하며, 토양 소비 감소, 새로운 농업 지역 보호, 도시 내 20개의 새로운 공원 제공, 300만 그루의 나무를 심는 프로젝트를 진행 중임
- 밀라노의 TMP(Territorial Government Plan)는 탄소 배출 제로 건물과 친환경 지붕을 촉진하기 위한 새로운 규정을 포함하고 있음
- 2020년부터는 모든 새로 지어지는 건물이 탄소 중립적이어야 하며 토양 소비를 10% 이상 줄이는 것을 목표로 하고 있음
- 철거 및 재건축에 대한 새로운 규정 및 기후 영향 감소를 위한 지수가 도입되었으며 녹지 영역의 통합과 녹색 지붕 및 벽의 도시 개입을 촉진하고 있음

(2) 교외 및 인근 지역 복합적 용도 환경 개발

- 현재 공공 및 민간 개입을 통해 지역 개발을 지원하고자 도시계획 및 TMP(-Territorial Government Plan) 도입
- 이러한 계획은 민간 투자를 장려하고 지역 경제를 촉진함
- 또한 도시 재생 지역에서의 생산적 용도 변경, 경제적 기능 간의 사용 유연성, 대중 교통 접근성 향상 등의 목표를 포함하고 있음
- 버려진 건물에 대한 규제를 도입하여 소유자는 18개월 이내에 재개발 또는 철거를 진행해야 하며 80개의 광장에 대한 재개발 계획도 진행 중

(3) 주거와 사회적 포용

- 사회적 포용을 보장하고 모든 거주자의 요구를 충족하기 위한 저렴한 주택 공급 확대
- 약 6만 3,000개의 사회주택이 있으나 종종 노후화되어 새로운 주택 수요를 충족시키지 못함. 따라서 지방 자치 단체는 3,000개의 사회주택을 재생하고 근로자를 위한 저렴한 임대주택을 확대하고 있음
- 사회주택의 의무적인 점유율을 35%에서 40%로 증가시키며 지하철 및 기차역에서 500m 이내, 트램 및 트롤리 정류장에서 250m 미만인 지역에서 용적률 인센티브를 부여함
- 약 9개 지역에 사회주택을 위한 지역이 확인되어 1,300개의 주택이 공급되었음

(4) 경제 개발

- 혁신과 기술: 스타트업 지원, 연구 센터 설립 등 기술 분야의 혁신과 성장을 육성
- 패션과 디자인: 밀라노 패션 위크와 같은 국제 행사를 지원하고 강화함으로써 세계적인 패션과 디자인의 수도 밀라노의 위상을 높임

(5) 인프라 및 이동성

- 대중교통: 대중교통 네트워크를 확장하고 업그레이드하여 연결성을 개선하고 혼잡을 줄임
- 자전거 및 보행자 도로: 친환경적인 교통 수단을 장려하기 위해 자전거 도로와 보행자 구역 확장

(6) 문화유산과 관광

- 보존과 개선: 밀라노의 역사적 건물과 유적지를 포함한 풍부한 문화유산을 보호하고 개선하는 동시에 도시 경관의 보존성 유지
- 관광 개발: 시설 및 서비스 개선을 통한 관광 개발, 문화 행사 및 볼거리 홍보 전략 강화

(7) 스마트 시티 이니셔티브

- 디지털 인프라: 스마트 조명, 폐기물 관리 및 시민을 위한 디지털 서비스를 포함한 도시, 서비스 개선을 위한 스마트 시티 기술 구현
- 데이터 기반 의사 결정: 데이터 분석을 통한 도시 관리 개선

4) 최근 및 진행 완료한 도시 개발 및 재생 프로젝트

(1) 포르타 누오바(Porta Nuova) 지구

■ 유럽에서 가장 야심찬 도시 재생 프로젝트 중 하나로, 밀라노의 역사 중심지와 새로운 지구 사이의 격차를 해소하고 대기 오염을 방지하고 생물 다양성을 촉진하기 위해 녹색으로 덮인 보스코 버티컬 포레스트(Bosco Vertical Forest)와 같은 상징적인 고층 건물을 특징으로 하는 주거 공간, 상업 공간 및 녹지 공간을 결합한 현대 도시 개발 사례

(2) 시티라이프(CityLife)

■ 역사적인 무역 박람회 지역을 주거, 상업, 공원 공간으로 탈바꿈시켜 현대

건축과 지속가능성을 보여 주는 재개발 프로젝트. 자하 하디드(Zaha Hadid), 아라타 이소자키(Arata Isozaki), 다니엘 리브스킨드(Daniel Libeskind)와 같은 유명 건축가가 설계한 건물을 특징으로 하는 보행자 지역과 지속가능성에 중점을 둠

(3) 밀라노 혁신지구(MIND, The Milan Innovation District)

- 과학, 경제 및 사회 혁신을 위한 허브 조성을 목표로 하는 미래 지향적인 프로젝트. 2015 세계 박람회를 개최했던 지역에 위치한 MIND는 대학, 연구센터, 스타트업 및 기업을 수용하기 위해 연구, 개발 및 교육에 중점을 두고 지속가능성과 스마트 시티 솔루션에 역점을 둠

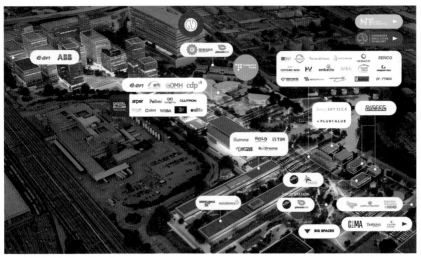

• 밀라노 혁신지구   출처: www.mindmilano.it

- 밀라노는 밀라노세스토(Milanosesto) 및 MIND 마스터 플랜을 통해 다중 중심 도시로 변모하고 있으며 특히 2026년 동계올림픽을 앞두고 대규모 건설이 이뤄지고 있고 포르타 로마나(Porta Romana)와 로고레도(Rogoredo)의 산타 줄리아(Santa Giulia) 지구뿐만 아니라 다른 지역도 최적의 상태로 만들기 위해 노력하고 있음

▣ 지속가능한 도시 개발과 사회적 포용을 중요하게 여기며 미래를 위한 혁신
적인 솔루션을 탐구하고 촉진하고 이러한 활동을 통해 밀라노가 세계적인
혁신의 중심지로 성장하는 데 기여하고 있음

• MIND 밀라노 혁신 지구

출처: www.arexpo.it

▣ 프로젝트 개요

구분	내용
프로젝트명	MIND 밀라노 혁신 지구(MIND Milano Innovation District)
위치	Via Cristina Belgioioso, 171, 20157 Milano MI, Italy
규모	연면적 317,000m² - 주거 시설: 90,000m²/접객 시설: 15,000m² - 생산 시설: 30,250m²/숙박 시설: 305,000m²
프로젝트 분야	개발, 건설, 투자 및 디지털
추정 가치	37억 달러
준공 예정일	2032년도
프로젝트 구조	1단계 - CPP 투자와 합작 투자 파트너십 Arexpo SpA 그룹과 양허 계약
프로젝트 계획	100ha의 복합 용도 재개발 - 356,000m²의 사무실 공간 - 1,083개 아파트(100% 임대) - 35,000m²의 소매점

(4) 레일웨이 야즈 프로젝트(Railway Yards Project, 7개의 철도역 복합 재생 개발)

- ▣ 사용되지 않는 7개의 기존 철도역을 공원, 주거 지역, 사무실 및 문화 시설을 결합한 새로운 도시 공간으로 바꾸는 도시 재생 프로젝트로 도시 이동성을 개선하며 밀라노를 위한 새로운 녹색 공간을 만들기 위한 대규모 계획
- ▣ 2020년 1월 20일 7개 철도 조차장의 도시 재생 프로젝트가 발표되었으며 각각의 장소는 고유한 재개발 계획과 잠재력으로 개발될 예정으로 밀라노의 도시 구조에 통합되고 거주자의 삶의 질 향상을 목표로 공공 공원, 주거 지역, 상업 공간 및 문화 장소의 혼합으로 변형될 계획

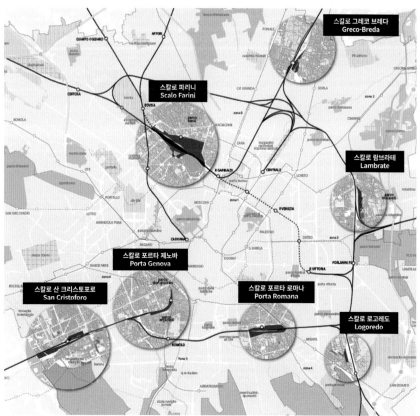

• 주요 철도역 출처: TRASFORMAZIONE DEGLI SCALI FERROVIARI MILANESI. *Definizione di linee di intervento*", Gruppo di lavoro DAStU Politecnico di Milano, 2014

주요 철도역	위치
스칼로 파리니 (Scalo Farini)	밀라노의 북서쪽에 위치한 Scalo Farini는 프로젝트와 관련된 가장 규모가 큰 지역
스칼로 포르타 제노바 (Porta Genova)	운하와 활기찬 밤 문화로 유명한 나벨리(Naveli) 지구 근처의 도시 남서부에 위치
스칼로 산 크리스토포로 (San Cristoforo)	밀라노의 남쪽 가장자리 위치
스칼로 로고레도 (Logoredo)	남동쪽으로 밀라노의 비즈니스 지구와 로고레도 기차역 근처에 위치
스칼로 그레코 브레다 (Greco-Breda)	밀라노의 북동쪽에 위치
스칼로 람브라테 (Lambrate)	동쪽으로 밀라노 대학의 과학 캠퍼스와 람브라테 기차역 근처에 위치
스칼로 포르타 로마나 (Porta Romana)	남동쪽으로 폰다치오네 프라다(Fondazione Prada)와 2026 동계올림픽 개최 본부 근처 위치

(5) 나빌리 운하(Navigli Canal)

■ 나벨리(Naveli) 프로젝트는 밀라노의 역사적인 운하 시스템의 재개발에 초점을 맞추고 있으며 나벨리를 문화 및 레크리에이션 자산으로 향상시키고 물 관리, 보행자 경로 및 자전거 도로를 개선하며 이 지역의 활기찬 야간 생활과 관광 지원을 목표로 함.

(6) 밀라노세스토(Milanosesto) 프로젝트

■ 현재 이탈리아의 최대 도시 재생 프로젝트로 최고 수준의 에너지 효율에 따라 설계되고 약 65ha(161ac)의 녹색 오아시스에 잠겨 있는 새로운 도시를 탄생시키는 마스터 플랜으로, 영국의 건축가 노먼 포스터(Norman Foster)가 설계함

■ 프로젝트 지역인 세스토 산 조반니(Sesto San Giovanni)는 제조업 중심지였으며 이탈리아 노동자 운동과 노동조합의 역사에서 중요한 역할을 한 것으로 잘 알려져 있으나 1990년대에 이르러 팔크(Falck)의 철강 공장을 포함한 대부분의 주요 기업이 공장을 폐쇄하여 버려진 지역이 생기고 마을의 도시

경관이 붕괴됨

■ 폐쇄된 팔크(Falck) 강철 제조 공장이 위치했던 '우니오네(Unione) 0' 도시 재
생 프로젝트는 25만m² 부지에 기존 산업 구조물이나 건축적 요소를 보존하
면서 새로운 주거 및 상업 공간에 통합함으로써 과거와 현재가 공존하는 공
간을 창출함

• 밀라노세스토 프로젝트 지역

■ 프로젝트 개요

구분	내용
프로젝트명	밀라노세스토 프로젝트
위치	Sesto San Giovanni, Milano, Sesto San Giovanni, Italy
주요 시설	학생 숙소(Park Associati), 사무실 및 호텔(Citterio & Viel) 등
규모	연면적 약 143,410m²
프로젝트 분야	개발, 건설, 투자 및 디지털
예산	2억 5,000만 유로

구분	내용
추진 일정	2016년 3월~진행 중
프로젝트 특징	- 8,500그루의 새로운 나무와 16km가 넘는 보행자 및 자전거 도로를 갖춰 밀라노 전체 지역에 독특한 녹지를 제공함 - 주민, 도시 사용자, 방문객 등 총 5만 명 이상의 사람들을 수용할 예정이며 임상 및 과학적 우수성을 위한 공공 허브인 보건 및 연구 도시의 중심이 될 예정 - 지하철 및 기차 노선, 밀라노 순환도로 및 고속도로와 같은 중요한 대도시 및 지역 기반 시설의 존재로 인해 시내 중심 및 주변 지역에 접근성이 높음 - MIND 프로젝트와 같이 투과성의 원칙에 따라 세심하게 설계된 1층이 특징

※ 밀라노 도시 재생의 기본 원리

1. 지속가능성: 녹지 공간, 에너지 효율적인 건물 및 지속가능한 이동성 솔루션 통합
2. 포괄성: 저렴한 주택 및 접근 가능한 공공 공간을 포함하여 다양한 지역 사회의 요구 사항을 충족하는 개발 보장
3. 혁신: 기술과 혁신적인 디자인을 활용하여 스마트하고 적응 가능한 도시 환경을 조성
4. 유산 보존: 밀라노의 문화적 정체성을 유지하기 위해 역사적 보존과 현대적 발전을 통합

3

밀라노의 주요 랜드마크

1. 포르타 누오바

주거, 상업 및 녹지 공간을 결합한 도심복합개발 사례

1. 프로젝트 개요

- Porta Nuova. 포르타 누오바 프로젝트는 밀라노 중심부에서 진행된 유럽에서 가장 큰 도시 재생 프로젝트 중 하나로 50년 이상 방치되어 있는 총 29만m² 규모의 산업 유휴지를 개선하고 주거, 상업 및 녹지공간을 만든 도심 복합개발 사례

- 이 프로젝트는 지속가능성을 목적으로 하고 도시, 인프라 및 환경 문제를 고려하여 밀라노를 산업 황무지에서 벗어나게 하기 위해 고품질의 공공 공간, 새로운 광장, 보행로 및 공공 정원을 조성하는 것을 목표로 했으며 가리발디(Garibaldi), 바레신(Varesine), 이솔라(Isola) 세 구역에 대한 각 지역의 역사와 정체성을 상호 연결하는 것을 목표로 함

- 밀라노가 유럽의 경쟁력 있는 도시로 성장하는 발판을 마련한 지역으로 이탈리아 전체 대기업의 4%, 밀라노 전체 비즈니스의 40%를 담당하고 있으며 포춘(Fortune) 선정 500대 기업에 속하는 알파 로메오(Alfa Romeo), 피렐리(Pirelli), 테킨트(Techint) 사가 위치하며, 럭셔리 패션 회사인 베르사체와 이탈리아 축구 산업을 움직이는 인테르나치오날레(Internazionale)를 비롯해서 구글, 삼성과 같은 글로벌 기업이 위치함

- 도시 개발의 이정표로서 혁신적인 건축과 도시를 보다 지속가능하고 살기 쉽고 활기찬 공간으로 변화시킬 계획의 가능성을 보여 주고 있으며 대표

적 건물로 유니크레딧 타워(231m), 팔라조 롬바르디아(161m), 피렐리 타워 (124m), 보스코 베르티칼레(112m, 80m) 및 이탈리아 여류 건축가 아울렌티 (Gae Aulenti, 1927~2012년)를 기념하는 원형 광장 등이 있음

• 포르타 누오바 전경

2. 포르타 누오바 프로젝트

구분	내용			
위치	이탈리아 밀라노			
목적	주거, 오피스, 상업 및 녹지 공간을 결합한 복합도시 재생 프로젝트(Garibaldi, Varesine, Isola)			
규모	- 총 290,000m²			
	구분	가리발디	바레신	이솔라
	사무실	50,500m²	42,000m²	6,300m²
	주거	15,000m²	33,000m²	22,000m²
	상업	10,000m²	7,000m²	850m²
	전시	10,000m²	-	1,600m²
	문화	-	3,000m²	760m²
	호텔	15,000m²	-	-
	주차	1,200m²	2,000m²	570m²
프로젝트 경과 (1999~현재)	- 1999년 계획 수립 - 가리발디 지역: 2012년 완공 - 바레신 지역: 2014년 완공 - 이솔라 지역: 2014년 완공			
개발 규모	25억 달러(약 3조 원 규모)			
시행사	Hines Italia Srl(미국 시행사)			
부지 원소유자	Hines Italia SGR(Porta Nuova Garibaldi, Porta Nuova Varesine, Porta Nuova Isola 펀드 대행사)			
현재 소유자	Qatar Investment Authority			
주요 건축가	- 포르타 누오바 가리발디 지역: Pelli Clarke Pelli - 포르타 누오바 바레신 지역: Kohn Pedersen Fox - 포르타 누오바 이솔레 지역: Boeri Studio			

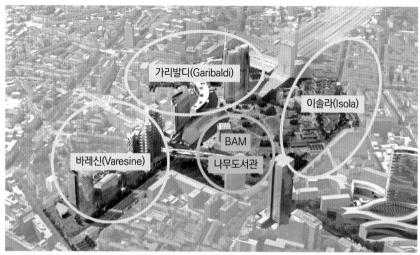

• 가리발디, 바레신, 이솔라, BAM 나무도서관 위치

출처: www.landsrl.com

3. 개발 경과

■ 포르타 누오바 비즈니스 지구 프로젝트는 1997년 미국 부동산 개발자인 제럴드 D. 하인스(Gerald D. Hines)와 그의 파트너인 이탈리아 디벨로퍼 CO-IMA 창업자인 리카르도 카텔라(Riccardo Catella)가 협력하여 시작하게 됨

■ 밀라노의 고대 도시 문 이름을 딴 포르타 누오바 부지로 알려진 곳을 재개발한다는 아이디어는 오랜 역사를 가지고 있었으나 번번이 계발 계획이 실패함

■ 1953년의 밀라노 마스터 플랜에서 도심과 기차역 사이의 전략적인 위치 때문에 이 지역을 새로운 상업 중심지로 구상했으나 1960년대 말에 중단되었고 2000년대까지 수십 년간 황폐화되고 버려짐

■ 약 3조 원(25억 달러 규모) 복합 용도 프로젝트 계획은 2005년에 최종적으로 승인되었으며 3명의 마스터 플래너인 펠리 클라크 펠리(Pelli Clarke Pelli), 보에리 스투디오(Boeri Studio) 및 콘 페데르센 폭스(Kohn Pedersen Fox)가 설계함

- ▣ 최초 부지 매입은 시행사인 하인스 이탈리아(Hines Italia) SGR이 담당했으며(Porta Nuova Garibaldi, Porta Nuova Varesine, Porta Nuova Isola 펀드 대행사) 2013년 카타르 국부 펀드 계열사인 카타르 홀딩(Qatar Holding) LLC사가 지분을 취득하여 소유하고 있으며 COIMA는 포르타 누오바 이솔라의 공동 개발 관리자 및 투자자로 활동했으며 현재 포르타 누오바 단지의 부동산 및 시설 관리자 역할을 담당하고 있음

4. 주요 지역

- ▣ 포르타 누오바의 개발은 크게 세 가지 영역인 가리발디(Garibaldi), 바레신(Varesine), 이솔라(Isola)로 나눌 수 있으며 각 지역마다 독특한 성격을 지님

1) 가리발디(비즈니스, 문화 및 상업 개발)

- ▣ 비즈니스 및 상업 활동에 중점을 둔 이 지역에는 이탈리아에서 가장 높은 건물 중 하나인 유니크레딧 타워(Torre UniCredit)와 새로운 밀라노의 상징이 된 현대적이고 높은 광장인 아울란티 광장(Piaza Gae Aulenti) 등이 있음

(1) 유니크레딧 타워

- 31층 높이(231m)의 이탈리아에서 가장 높은 건물로 펠리 클라크 펠리 건축 회사가 설계하여 2011년 10월 15일에 완공됨
- 약 4,000명의 직원이 근무하는 이탈리아 최대 자산 은행인 유니크레딧 본사

• 유니크레딧 타워 외관

(2) 아울란티 광장

- 20세기 가장 영향력 있는 이탈리아 건축가 가에 아울란티(1927~2012년)를 기념하기 위한 원형 광장으로 포르타 누오바 지역 중앙에 위치함
- 아르헨티나 건축가 시저 펠리(César Pelli)가 설계하여 2012년에 완공된 광장으로 대담한 디자인과 혁신적인 소재로 유명하며 중심부에는 유니크레딧 타워, 맞은 편에는 친환경 아파트인 보스코 베르티칼레(Bosco Verticale)가 위치해 있음
- 상업 공간에는 아이스크림 가게 그롬(Grom), 의류 및 가구 매장 무지(Muji), 나이키, 다이슨, 몰스킨, 전기 자동차 제조사 테슬라, 향수 및 화장품 체인인 세포라(Sephora) 매장이 있으며, 레스토랑과 도서관이 결합한 RED 펠트리넬리(Feltrinelli) 복합 공간도 있음. 지하층에는 대형 슈퍼마켓인 에셀룬가(Esselunga) 등이 입점함

• 아울란티 광장의 분수

(3) IBM 스튜디오(IBM Studios)

- COIMA가 소유한 다기능 공간으로 주로 회의, 의회, 콘서트, 전시회, 공연 및 세미나를 위한 장소로 사용됨

• IBM 건물 외관 　　　　　　　　　　　　　　　　　　　　　출처: www.google.com

(4) BAM 나무 도서관

- '나무 도서관'으로 불리는 파르코 비블리오테카 델리 알베리(Parco Biblioteca degli Alberi)는 포르타 누오바 지역에 위치한 현대 도시 공원으로 포르타 누오바 지역의 주거, 상업 공간과 녹지 공간을 연결하는 새로운 형태의 공공 공원. 생물 다양성, 지속가능성 및 지역 사회 참여를 강조하며 도시의 삶의 질을 높이는 도시 녹지 공간에 대한 새로운 패러다임을 제시함
- 공원 부지는 제2차 세계대전 이후 건축 자재 보관소, 임시 행사, 연례 서커스 장소로 사용되는 방치된 산업 유휴 공간으로 가리발디역에 인접해 혼잡한 교통으로 둘러싸인 토양은 심하게 오염되어 있었음
- 네덜란드의 인사이드 아웃사이드(Inside Outside)가 설계한 새로운 유형의 공공 공원으로 비영리 단체 폰다치오네(Fondazione)가 관리하고 있음. 2018년

개관했으며 밀라노시, COIMA 및 리카르도 카텔라(Riccardo Catella) 재단이 공동으로 공원의 유지 보수, 안전 및 문화 프로그램 개발을 위한 파트너십을 체결하여 운영하고 있음

- 전체 면적은 10ha로 밀라노에서 세 번째로 규모가 큰 녹지 공간으로 500그루의 나무 및 13만 5,000개 이상의 식물들로 구성되어 있음. 공원은 단순히 녹지 공간에 그치지 않고 문화 행사, 피트니스 수업 및 교육 프로그램에 이르기까지 여러 가지 활동과 행사가 개최되어 밀라노 주민과 방문객의 다양한 요구를 충족시키는 도시의 다용도 오아시스 역할을 함

• BAM 나무 도서관 조감도   출처: matadornetwork

(5) 유니폴 타워(Torre UnipolSai)

- 이탈리아 최대 금융회사인 유니폴의 본사 건물로 2024년 말 완공 예정. 포르타 누오바 지역의 새로운 랜드마크인 타원형 건축물
- 이탈리아 마리오 쿠치넬라 건축사무소(Mario Cucinella Architects)에서 설계함
- 지상 22층과 지하 3층으로 이루어진 건물로 총면적은 3만 5,000m²이며 125m 높이의 타원형 구조로 지속가능한 친환경 디자인을 자랑함
- 외관에 태양광 패널을 사용하고 빗물 수집을 위한 이중 시스템과 결합되어 건물이 LEED 플래티넘 인증을 받았음
- 모든 공간은 70% 햇빛을 누릴 수 있으며 사무실 외에도 파노라마식 온실 정원, 스카이 레스토랑 등 공공 및 문화 행사를 주최할 공간이 있음

구분	내용
착공/준공	2017년/2024년
프로젝트 면적	3,456m²
연면적	15,000m²
상업 공간 연면적	약 215m²
최대 높이	약 125m. 지상 23층, 지하 3층
주차 공간	약 130개

• 유니폴 타워 외관

• 유니폴 타워

2) 이솔라(주거 개발)

■ 이솔라(Isola)는 보스코 베르티칼레(Bosco Verticale, Vertical Forest)와 같은 혁신적인 주거 프로젝트를 특징으로 하는 복합 개발 지역

(1) 보스코 베르티칼레

- 4만m²의 포르타 누오바 재개발 지구에 위치한 도시 녹화 프로젝트 중 하나로 이탈리아 건축가 스테파노 보에리(Stefano Boeri)의 건축 설계 사무소에서 설계했으며 2009년에 착공, 2014년 10월에 준공됨
- 이탈리아어로 '수직의 숲'이란 뜻으로 27층의 높이 111m인 타워 E(torre E)와 19층의 높이 76m인 타워 D(torre D) 두 개의 주거용 타워로 구성됨(총 73세대)

• 보스코 베르티칼레 외관

- 친환경 아파트인 보스코 베르티칼레는 약 900그루의 나무를 심어 외부와의 온도차를 2℃ 정도 낮추어 냉난방비를 30% 절감할 수 있으며 녹화 면적을 건물 내로 도입하여 에너지를 절약하고 이산화탄소를 흡수하는 역할을 하도록 함
- 자연 녹지 공간에 20여 종의 야생 조류가 공생하고 있어 도심 내 인공 숲의 역할을 함

• 보스코 베르티칼레 전경

3) 바레신(주거, 상업 및 비즈니스)

- 복합 용도 도시 재개발 프로젝트로 고품질 주거용 아파트와 사무실, 숙박 시설, 소매 공간 및 문화 센터로 구성
- 가리발디역과 피아차 델라 레푸블리카(Piazza della Repubblica) 사이에 위치한 바레신 지역은 길이가 약 330m, 너비가 95m로 연면적은 29만m²
- 2012년 완공된 상업 목적의 디아만테 타워(Torre Diamante)와 2014년 완공된 주거 목적의 솔라리아 타워(Torre Solaria)가 대표적 건물임

• 디아만테 타워를 포함한 바레신 지역   출처: www.kpf.com

(1) 디아만테 타워

- 2012년에 완공된 밀라노 비즈니스 지구의 상징적 고층 건물(30층, 높이 137m)
- 콘 페데르센 폭스 스튜디오의 멤버인 이탈리아계 미국인 건축가 리 폴리사노(Lee Polisano)가 설계했으며 건축가 파올로 카푸토(Paolo Caputo)와 야콥스(Jacobs) 엔지니어링 그룹의 지원을 받음

- 다이아몬드를 연상시키는 다면적 구조를 특징으로 하는 상업적인 시설

• 디아만테 타워 외관*

(2) 솔라리아 타워

- 세 개의 주거용 타워, 아르퀴텍토니카(Arquitectonica)와 카푸토 파트너십 스튜디오에서 설계

- 143m, 37층 규모의 솔라리아 타워는 102세대 규모로 이탈리아에서 가장 높은 주거용 건물. 토레(Torre) K라고도 알려진 토레 솔레아(Torre Solea) 건물은 33세대로 구성되어 있으며 토레 아리아(Aria)는 17층 규모 주거용 건물임

• 솔라리아 타워 외관

2. 시티라이프
주거, 상업, 비즈니스 등 복합 용도의 대규모 도시 개발 지구

1. 프로젝트 개요

- Citylife. 낙후된 무역 박람회장 부지를 재개발한 프로젝트로 주거, 오피스, 쇼핑, 공원, 공공 공간 등 복합 용도로 유럽 최대 규모의 도시 재개발 사업
- 세계적으로 유명한 건축가 자하 하디드(Zaha Hadid), 아라타 이소자키(ARA-TA ISOZAKI), 다니엘 리베스킨트(Daniel Libeskind) 등 유명 건축가들이 함께 참여함
- 구일리오 체사레(Guilio Cesare) 광장을 중심으로 설계한 고급 주택 600세대와 직원 9,000명을 수용할 수 있는 3개의 사무실 타워(Tre Torri), 복합 쇼핑센터인 시티라이프 쇼핑 디스트릭트(CityLife Shopping District) 및 약 8만 평 규모의 공원으로 일단 완성되었으며 2025년까지 지속적으로 개발 진행 중

• 시티라이프 전경

구분	내용
위치	Piazza Tre Torri, 20145 Milano MI, 이탈리아
시행자	City-Life SpA, Generali Group 지분 100%: 민간
전체 면적	36.6ha
사업비	약 22억 유로(한화 2조 9,700억 원)
세대 수	1,300세대 + α
사업 기간	2007~2025년

2. 개발 경과

■ 20세기 초반부터 2005년까지: 구 박람회장
- 살로네 델 모빌레(Salone del Mobile) 가구박람회 등 국제박람회가 개최되었던 피에라 밀라노(Fiera Milano)가, 박람회 규모 확장으로 교통 문제 등 공간

및 기반 시설 측면에서 한계를 느껴 밀라노 서북부 로(Rho)로 이전하면서 이탈리아 보험회사 제네랄리(Generali) 그룹 등이 2004년 국제 입찰을 체결하여 재개발하게 됨

■ 2005년: 개발 계획 발표

- 도시 재생을 촉진하고 도시의 삶의 질을 개선하며 국제 비즈니스와 관광을 유치하기 위한 광범위한 전략의 일부로서 도시 현대화의 필요성을 인식한 밀라노시는 오래된 박람회를 현대적인 주거, 상업 및 비즈니스 지구로 재개발한다고 발표

■ 마스터 플랜과 디자인 공모전

- 마스터 플랜을 선정하기 위한 글로벌 디자인 공모전이 개최되어 자하 하디드, 아라타 이소자키, 다니엘 리베스킨트 등 세계 유명 건축가가 당선됨
- 지속가능성, 열린 공간 및 현대 건축 요소에 초점을 두고 세 개의 상징적인 고층 건물, 주거용 건물, 쇼핑 지구 및 광범위한 녹지 공원을 조성함

■ 개발 단계(2008년~현재)

- 초기 단계: 2008년 오래된 박람회 구조물을 철거하고 도로, 유틸리티 및 대중 교통 연결을 포함한 새로운 개발을 지원하기 위한 인프라를 건설
- 주거 및 상업 개발: 혁신적인 건축 양식으로 높은 삶의 질을 제공하는 것을 목표로 유명한 건축가에 의해 설계된 현대식 주거지 건설이 특징이며 우수 기업을 유치하고 고용을 촉진하기 위한 사무실 건물을 개발
- 마천루: 세 개의 마천루가 시티라이프와 밀라노 스카이라인의 상징이며 이 건물들은 주요 회사의 본사를 포함한 사무실을 유치하고 도시의 전경이 되어 줌
- 상가와 공공 공간: 이 프로젝트에는 다양한 상점, 레스토랑 및 영화관과, 도시 거주성과 환경 품질을 향상시키기 위해 설계된 대형 공공 공원 및 보행자 구역이 포함됨
- 2014년 제네랄리 그룹은 시티라이프를 관리하는 회사의 나머지 33%를 인수하여 시티라이프의 단독 소유주가 됨

3. 주요 개발 내용

■ 직원 9,000명을 수용할 수 있는 알리안츠(Allianz), 제네랄리 및 PwC 3개의
사무실 타워, 복합 쇼핑 센터인 시티라이프 쇼핑 지구, 고급 주택 600세대와
약 8만 평 규모의 공원으로 완성되었으며 주변 부지에 주거, 상업 시설 개발
이 2025년까지 지속적으로 진행 중임

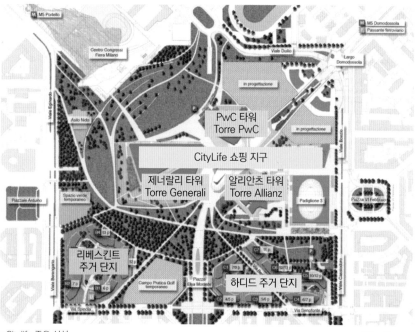

• Citylife 주요 시설

출처: archjourney

주요 건물 개요

구분	내용
알리안츠 타워	- 2010년 착공/2016년 완공 - 유형: 사무실 - 높이: 209~247m - 층수: 55층 - 면적: 50,600m² - 설계: Arata Isozaki & Associates - Andrea Maffel Architects
제네랄리 타워	- 2009년 착공/2020년 완공 - 유형: 사무실 - 높이: 177m - 층수: 44층(+지하 3층) - 면적: 48,000m² - 설계: Zaha Hadid Architects
PwC 타워	- 2012년 착공/2020년 완공 - 유형: 사무실 - 높이: 175m - 층수: 34층 - 면적: 33,500m² - 설계: Studio Daniel Libeskind
시티라이프 쇼핑 지구	- 2012년 착공/2014년 완공 - 유형: 상업 - 면적: 32,000m² - 설계: Studio Daniel Libeskind
시티라이프 주거 단지	- 2006년 착공/2010년 완공 - 유형: 주거 - 빌딩 건축 면적(Building area): 32,000m² - 토지 면적: 21,500m² - 전체 건축 면적(Built area): 150,000m² - 최대 높이: 59m - 설계: Studio Daniel Libeskind

1) 3개의 사무실 타워

(1) 알리안츠(Allianz) 타워

- 이탈리아 밀라노에 있는 50층, 209m의 건물로 일본 건축가 아라타 이소자키 (Arata Isozaki)와 이탈리아 건축가 안드레아 마페이(Andrea Maffei)가 설계함
- 이탈리아 자회사인 알리안츠(Allianz) SpA의 본사로 사용되고 있으며 이소 자키 타워(Torre Isozaki)로도 알려져 있음

• 알리안츠 타워 외관*

(2) 제네랄리 타워(Torre Generali)

- 이탈리아 밀라노에 있는 높이 191.5m 44층(+지하 3층), 연면적 약 6만
7,000m²에 달하는 초고층 빌딩으로 영국계 이라크 건축가 자하 하디드가 설
계하여 2017년에 완공됨

- 타워 축을 따라 바닥의 치수와 방향이 모두 달라지는 기하학적 구조를 가지고 있으며 전체 건축은 콘크리트와 합성물로 이루어짐
- 44층(지하 제외) 중 40층을 사무실로 사용하며 나머지 층에는 전용 주차장, 기술실, 로비 등이 있음

• 제네랄리 타워 외관*

(3) PwC 타워(Torre PwC)

- 리베스킨트 타워(Libeskind Tower) 또는 PwC 타워(Torre PwC)라고 불리는 높
  이 175m, 총면적 36만m²의 고층 빌딩으로, 미국 건축가 다니엘 리베스킨트
  가 설계했으며 프라이스 워터 하우스 쿠퍼스(Price water house Coopers) 밀라
  노 지사의 본사가 이곳에 있음

• PwC타워 외관*

• (왼쪽부터) 제네랄리 타워, PwC 타워, 알리안츠 타워

2) 복합 쇼핑 센터 시티라이프 쇼핑 지구(CityLife Shopping District)

(1) 시티라이프 쇼핑 지구

- 트레 토리(Tre Torri)역 위에 위치한 3만 2,000m² 규모의 이탈리아에서 가장 큰 쇼핑 센터

- 실내 및 실외 광장, 푸드 홀, 카페, 레스토랑, 상점, 영화관, 건강 및 웰빙 시설, 공공 공원 등이 있으며 제네랄리 하디드(Generali-Hadid) 타워와 연결되어 있음

• 시티라이프 쇼핑 지구

3) 시티라이프 주거 단지

(1) 하디드(Hadid) 주거 단지

- 자하 하디드가 설계한 거주동은 7개로 구성되어 있으며 건물의 높이는 5층에서 13층까지 다양함
- 건물 내부에서 시티라이프 공원, 세노폰테 거리(Via Senofonte), 줄리오 체사레 광장(Pizzale Giulio Cesare)까지 볼 수 있음

(2) 리베스킨트(Liebeskind) 주거 단지

- 다니엘 리베스킨트가 설계한 거주동은 피에라 밀라노(Fiera Milano) 지구에 자리하고 있으며 8개의 건물로 구성됨
- 건물은 5층에서 14층까지 다양하며 주차장과 단지 조경 시설 및 보행로가 연결되어 있음

• 하디드 주거 단지

• 리베스킨트 주거 단지

• 시티라이프 주거 단지 전경

3. 조나 토르토나

폐허가 된 공업 지역을 예술 산업 단지로 재생

1. 프로젝트 개요

- Zona Tortona. 100여 년 전 밀라노를 대표하던 공장과 산업 단지를 디자인, 패션, 아트 등의 문화예술 도시 재생을 통해서 밀라노를 대표하는 문화예술의 성지로 성공시킨 도시 재생 사례

- 이탈리아어 '조나(zona)'는 영어의 '존(zone)'과 같은 의미이며 조나 토르토나는 토르토나 지역을 의미함. 두오모 대성당을 건축할 당시 대리석을 운반하기 위해 만든 나빌리오 그란데(Naviglio Grande) 운하와 철도가 연결된 지역으로 과거의 공장과 산업 단지를 디자인, 패션, 문화를 통해서 창조 산업 거점으로 변화시킨 중요한 도시 재생 사례

- 밀라노 남서쪽에서 매년 4월 개최되는 밀라노 디자인 위크의 중심지이자 독립 패션 매장, 스튜디오가 밀집해 있음

- 1983년 잡지 편집자인 플라비오 루키니(Flavio Lucchini)와 사진작가인 파브리지오 페리(Fabrigio Ferri)가 슈퍼 스튜디오(Super studio)를 설립하여 1960년대 제강 공장, 송전소 등이 있던 산업 지역을 복합 문화 공간으로 탈바꿈하면서 예술 문화 단지로 성장함

• 조나 토르토나 전경

2. 역사

■ 1865년 포르타 제노바(Porta Genova)역이 들어선 이후 유럽 전역에 화물 운
송이 가능하게 되자 1960년대 말까지 약 100년간 밀라노를 대표하는 공업
지역으로 유명세를 얻음

- 1960년대 말부터 생산 체계의 변화와 에너지 위기로 많은 회사들이 다른 지역으로 생산 공장을 이동하기 시작했으며 이탈리아 기계 제조 회사 안살도(Ansaldo) 역시 대부분의 생산 라인을 제노바로 옮김
- 1973년 제4차 중동 전쟁으로 석유 가격이 오르는 오일 쇼크 사태가 발발하자 남아 있던 공장들마저도 문을 닫기 시작했고 이 일대는 점차 각종 범죄가 급증하는 우범지대로 전락함
- 1983년 이탈리아의 유명 패션 잡지 편집장 플라비오 루키니와 그의 부인이자 패션 전문 기자인 지셀라 보리올리(Gisela Borioli)가 방치된 포르타 제노바역 인근 옛 상들리에 제조 공장에서 새로운 사업을 시작함
- 유명 예술가들이 입주하면서 토르토나 지구는 예술가들이 창의성을 발휘하는 공간으로 새롭게 태어남
- 현재 세계적인 건축가들이 이곳에서 지역 건축물을 새로 짓거나 리모델링 작업에 참여하는 등 이탈리아를 대표하는 예술 문화 중심지로 거듭남

3. 주요 시설

1) 무데크(MUDEC, Museo delle Culture di Milano), 밀라노 문화 박물관 폐공장을 문화 공간으로 재생

(1) 프로젝트 개요

- 1990년 밀라노시가 포르타 제노바에 있는 오래된 엔지니어링 회사인 안살도 공장을 구입하여 스튜디오 및 워크숍과 함께 밀라노시의 미술관 및 문화 업무용으로 2015년에 개관함
- 건축가 데이비드 치퍼필드(David Chipperfield)가 설계한 건물로 약 15년에 걸쳐 완성되었으며 건물 안에는 밀라노시에서 수집한 약 7,000여 점이 넘는 회화 작품과 오브제가 전시되어 있음

(2) 특징

- 로비층에는 비스트로, 디자인 스토어, 아이들을 위한 공간이 마련되어 있으며 1층과 2층에서는 상설 전시와 특별 전시를 관람할 수 있음
- 3층에는 미슐랭 스타 셰프 엔리코 바르톨리니(Enrico Bartolini)의 파인 다이닝 레스토랑과 비스트로가 있어 현지인들의 주말 나들이 장소로 인기가 많음
- 스튜디오, 작업 공간, 새로운 예술 창작 공간으로 활용될 뿐만 아니라 비유럽권의 문화와 예술적 표현에 대한 연구, 수집 및 보존에도 앞장서고자 함
- 상설 전시는 곤충학과 세계 문화에 중점을 두고 시각, 공연, 음향 예술, 디자인, 의상을 통해 현대적인 주제를 선보임

• 무데크 외관

출처: Davidchipperfield Architects

• 유기적인 기하학 형태로 덮인 내부 광장

2) 바세(BASE, 산업 공장 지역을 문화예 술창업 복합 센터로 재생)

(1) 프로젝트 개요

- 2016년 봄에 개관한 문화예술 창업 복합센터로 원래 제철소였던 산업 시설을 밀라노의 다양한 문화, 예술, 전시 등의 협업이 이루어지는 공간으로 재구성함
- 더 온사이트 스튜디오(The Onsite Studio) 건축사무소는 다양한 프로그램과 유연한 활동이 가능하도록 건물을 설계했으며 전체 재건축 비용은 14,00만 유로에 달함
- 총 1만 2,000m² 규모로 200개 이상의 크리에이티브 기업이 입주해 있으며 연간 400개 이상 이벤트와 50만 명의 방문객이 방문하고 있음

(2) 특징

- 문화 및 창의적인 프로젝트를 위한 공동 작업 공간을 제공하며 스타트업을 위한 인큐베이션 서비스(설비 및 업무 보조 등)를 제공함
- 스튜디오 볼타이레(Studio Voltaire)가 디자인한 인공 조명은 원래 건물의 톤과 기능을 더욱 강조함

- 전시 공간 외에도 업무 공간, 독서 공간, 휴식 공간, 행사 및 공연 공간, 바, 레스토랑 등이 있음

• 바세 입구

• 바세 외관

• 바세 내부

• 바세 외부 카페 교류 공간

3) 아르마니(Armani)/사일로스(Silos)(곡물 저장소를 패션 전시장으로 재생)

(1) 프로젝트 개요

- 2015년 개관한 밀라노 패션 미술관으로 1950년대 곡물 저장고로 사용되던 건물을 디자이너 조르지오 아르마니(Giorgio Armani)가 디자이너 데뷔 40주년을 기념하여 전시장으로 리모델링함
- 4개의 층에 걸쳐 40개의 방(총 4,500m² 규모)으로 구획된 본래 건물의 형태는 유지하면서 단순하고 기하학적인 형태가 돋보이도록 설계함
- 조르지오 아르마니가 직접 건축 설계 및 감독을 도맡았으며 원래 음식을 저장하는 창고였던 데 착안해 명칭에 저장소라는 뜻을 가진 사일로스(Silos)를 넣음
- 패션으로 유명한 밀라노의 현재를 잘 보여 주는 곳으로 400여 벌의 의상과 200개 이상의 액세서리를 볼 수 있음

(2) 특징

- 건물 내부는 회색의 시멘트 바닥과 철제 구조물, 블랙 컬러를 사용해 모던한 느낌을 줌
- 3개의 층에 걸친 상설 전시에는 1980년부터 현재까지의 의상 및 액세서리 등이 전시되어 있으며 1층에서는 아르마니 스타일을 잘 나타내는 의상들, 2층에서는 에트니(ethnie)/에트니틱스(ethnicties)를 떠올리게 하는 작품들, 최상층에서는 조르지오 아르마니와 영화 및 엔터테인먼트와의 관계를 보여 주는 작품들을 볼 수 있음
- 전시 공간뿐 아니라 조르지오 아르마니의 스케치, 테크니컬 드로잉, 소재 등을 감상할 수 있는 디지털 아카이브와 기프트숍, 카페 등이 있음

• 아르마니/사일로스 외관

• 아르마니/사일로스 전시장 내부

4. 폰다치오네 프라다
술 제조 공장을 미술관으로 재생

1. 프로젝트 개요

- Fondazione Prada. 이탈리아 패션 브랜드 프라다(Prada)의 디렉터 미우치아 프라다(Miuccia Prada)와 그녀의 남편 파트리치오 베르텔리(Patrizio Bertelli)가 1910년에 구입한 증류주 공장 건물을 1993년 문화예술 재단 폰다치오네 프라다로 설립함
- 현대 미술 진흥을 위해 2015년 5월 네덜란드 건축가 렘 쿨하스 설계사무소 OMA와 함께 기존에 술 창고로 사용되던 7개의 공간은 그대로 두고 토레(Torre), 시네마(Cinema) 및 포디엄(Podium)의 3개 추가 공간을 개관하여 현대 미술, 영화, 사진, 철학, 무용 및 건축 프로젝트 관련 전시 공간, 강당, 컬렉션을 보여 줌

• 폰다치오네 프라다 전경 　　　　　出처: Fondazione Prada © Bas Princen 2018 Courtesy Fondazione Prada

■ 옛 증류 공장의 수평적 공간과 새로 지은 건물의 수직적 공간의 만남, 좁고 넓은 공간들의 만남, 서로 다른 새 것과 오래된 것의 만남의 대비 등 과거와 현재를 연결하는 다양성과 포용성을 내포하는 수준 높은 예술적 공간임

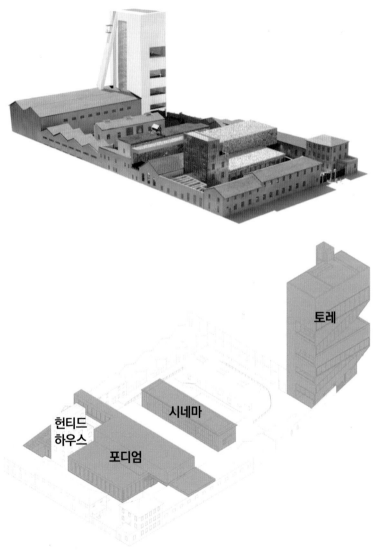

• 폰다치오네 프라다 설계도

출처: OMA

2. 주요 내용

- 가운데 안뜰(Courtyard)에 위치한 24캐럿 황금으로 도금된 헌티드 하우스 (Haunted House)에서는 미국 조각가 로버트 고버(Robert Gober), 프랑스계 미국인 여성 작가 루이스 부르주아(Louise Bourgeois)의 작품을 소장하고 있음
- 다양한 용도로 사용되는 포디엄은 주로 상설 전시를 진행하는 공간으로 헌티드 하우스와 연결되어 있음
- 2018년 4월에 완공된 60m 높이의 9개의 층으로 설계된 토레 건물은 프라다 소장품 및 데미안 허스트(Damien Hirst), 제프 쿤스(Jeff Koons), 마이클 하이저(Michael Heizer) 등과 같은 유명 작가들의 작품을 전시하고 있으며 나머지 공간은 레스토랑, 방문객을 위한 시설로 이루어져 있음

• 헌티드 하우스 외관

• 포디엄 외관

• 토레 외관

• '아틀라스' 전시 전경, 제프 쿤스, 〈튤립〉, 1995~2004

• 데미안 허스트, 〈Tears for Everybody's looking at you〉, 1997

5. 피렐리 안가르비코카

타이어 공장을 현대 미술 전시장으로 재생

1. 프로젝트 개요

- Pirelli HangarBicocca. 이탈리아 타이어 회사 피렐리가 설립한 1만 5,000m²에 달하는 거대한 크기의 비영리 미술관. 비코카 지역에 있는 피렐리사의 기관차 제조 시설의 산업 공간을 개조해서 세계적으로 유명한 예술가들의 대형 설치 작품을 전시하는 미술관으로 재생한 사례임
- 전시 공간은 셰드(Shed), 쿠보(Cubo), 나바테(Navate) 세 개의 주요 공간으로 구성되어 있으며 이 거대한 공간은 대형 설치물과 프로젝트를 수용할 수 있어 예술가들이 자신의 창의적 비전을 마음껏 펼칠 수 있는 장소로서 20세기 산업 단지의 건축 양식을 고스란히 담고 있어 비코카 지역의 산업 역사와 진화를 볼 수 있음

• 피렐리 안가르비코카 입구

2. 경과

- 비코카 지역은 밀라노의 산업을 이끈 거대한 기업인 브레다(Breda), 마렐리 (Marelli) 및 피렐리(Pirelli)가 2차 세계대전 이후 이주한 중요한 산업 단지. 대 규모 타이어 회사인 피렐리는 전기 케이블과 타이어 무역 산업의 선구자 역 할을 담당했음
- 1970~1980년대 비코카 지역은 산업 형태의 변화와 고용률 저하로 낙후되기 시작하여 밀라노의 소외 지역으로 20년을 보냈는데 이후 피렐리가 21세기 를 기점으로 매우 대대적인 재생 사업을 시작함

• 과거 비코카 산업 단지 　　　　　　　　　　　　　출처: pirellihangarbicocca.org

■ 피렐리는 밀라노 노동 계급 역사의 상징인 산업 공간들을 대학 캠퍼스, 오피스, 공공기관, 현대 미술관인 피렐리 안가르비코카 등으로 재생하는 사업을 주도함

※ 대부분의 도시 재생 사업이 국가적 차원에서 진행된 것에 반하여 비코카는 피렐리라는 기업 주도의 도시 재생이었다는 점에서 특이함

■ 2004년 설립된 피렐리 안가르비코카는 이전 공장 부지를 복원하는 과정을 거쳐 2008년 공식적으로인 재단이 설립되어 공장을 철거하고 미술관 공간으로 재생 사업을 시작함. 피렐리 안가르 비코카는 피렐리가 소유한 대형 공장 건물 중의 하나임

■ 피렐리 안가르비코카의 주된 목적은 현대 미술의 발전을 촉진하고 다양한 배경을 가진 사람들이 예술을 통해 소통하고 교류할 수 있는 플랫폼을 제공하는 것이며 더불어 예술 교육 프로그램, 워크숍, 공연, 그리고 토론을 포함한 다양한 문화 활동을 주최함으로써 지역 사회에 기여하고 있음

3. 주요 내용

- 1,400m² 면적의 셰드 공간은 1920년 지어진 곳으로 원래 기관차, 기차, 농장 기계를 설비하는 곳이었으며 1950년에 지어진 쿠보 공간은 약 550m² 면적의 냉난방을 하지 않는 전기 터빈을 시험하는 곳이었음
- 1960년대 초에 지어진 높이 30m, 면적 9,500m²의 대형 공간 나바테는 과거 조립 라인과 기계 볼트를 시험하는 곳으로서 현재도 공장 내부의 콘크리트 바닥과 높은 천장을 그대로 보존하고 있음

• 피렐리 안가르비코카 외관

• 피렐리 안가르비코카 입구

• 피렐리 안가르비코카 전시장 내부

• 피렐리 안가르비코카 외부 작품

■ 주요 전시 및 프로젝트

■ 안젤름 키퍼(Anselm Kiefer), 칠도 메이어레스(Cildo Meireles), 파우스토 멜로티(Fausto Melotti), 필립 파레노(Philippe Parreno), 카스텐 휠러(Carsten Höller) 등 세계적으로 유명한 예술가들의 대규모 개인전을 개최함으로써 국제 미술계에서 중요한 위치를 차지하고 있으며 특히 안젤름 키퍼의 영구 설치작 〈일곱 개 천상의 궁전(The Seven Heavenly Palaces)〉(2004~2015)은 방문객들에게 깊은 인상을 주는 작품 중 하나임

※ 독일의 개념미술 작가 안젤름 키퍼는 피렐리 안가르비코카의 개관 축하 작업을 의뢰받아 컨테이너 박스 내부를 시멘트로 쌓아 올린 높이 14~18m, 무게 90톤인 〈일곱 개 천상의 궁전〉 작품을 제작함

• 안젤름 키퍼, 〈일곱 개 천상의 궁전〉, 2004~2015

• 안젤름 키퍼, 영상 전시

6. 벨라스카 타워

밀라노 스카이라인과 현대 건축물의 상징

1. 프로젝트 개요

■ Torre Velasca. 1949년 제2차 세계대전의 영미권 폭격으로 황폐해진 토지에
상업 및 주거용 건물을 지을 수 있도록 밀라노 시로부터 허가받은 회사 Ri.
C. E.(Reconstruzione Comparti Edilizi)를 대신하여 1958년 BBPR 건축가 그룹
이 설계한 이탈리아 밀라노 중심부의 가장 상징적인 부동산 랜드마크 중 하나

• 벨라스카 타워 외관

- 밀라노 스카이라인과 현대 건축물의 상징으로 역사적인 초고층 건물 그 이상의 의미를 가진 벨라스카 타워는 문화유산청에서 관리하며 106m 높이에 달하는 독특한 버섯 모양의 28층 건물은 전통과 혁신, 과거와 현재를 결합한 가장 중요한 전후 건축 작품 중 하나임
- 미국 시행사인 하인스(Hines)에서 2020년부터 리노베이션 사업을 시행하여 사무실, 고급 주거 시설, 상가, 레스토랑 등 복합 용도로 재개발하고 있으며 밀라노 베이스인 아스티 아르키테티(Asti Architetti)사가 설계하고 2024년 중 완공될 예정임

2. 재개발 프로젝트 경과

- 2020년 벨라스카 타워의 새로운 소유주인 미국의 하인스 부동산 그룹은 문화유산 기관의 감독하에 밀라노 자치단체와 벨라스카 타워의 재개발 계획에 대해 논의함
- 역사적인 건축 유산을 보존하면서 현대적인 감각으로 건물 외부 표면 색상을 복원하고 내부를 보수하는 것을 목표로 공사는 2020년 1월 시작하여 2024년 중 완공될 예정
- BBPR 스튜디오가 디자인한 상징적인 요소들은 보존하면서 최첨단 마감, 시스템 및 기술을 더하여 환경 지속가능성과 에너지 효율성에 부합하도록 설계함
- 내부 공간에 레스토랑, 상업 시설, 체육관, 사무실과 같은 새로운 공간을 추가하고자 했으며 일부 건축 장벽과 주차장을 제거하여 접근성을 높이고 주변 광장을 녹지와 보행자 전용 공간으로 재개발하고자 함

• 벨라스카 타워 외관

• 벨라스카 타워 외관*

7. 폰다치오네 펠트리넬리

마이크로소프트사가 위치한 오피스 상업복합건물

1. 프로젝트 개요

- Fondazione Feltrinelli. 1949년에 설립된 펠트리넬리 지안지아코모 재단 (Fondazione Giangiacomo Feltrinelli) 및 마이크로소프트의 새 본사 건물로 스위스의 헤르초크 앤드 드 뫼롱(Herzog & de Meuron) 건축 스튜디오가 건축했으며 2016년 12월 13일에 개관

- 재단은 유럽의 중요한 역사, 정치, 경제 및 사회 과학 분야의 문서 및 연구 자료를 보유하고 있으며 주로 사무실 전용 건물 2개와 기존 대로를 확장하여 주변에 넉넉한 녹지 공간을 추가로 제공하고 있음

- 총 부지가 2,700m² 총 5층 건물로 1층은 공공 공간으로 서점, 카페, 다목적 홀 등이 있으며 3층과 4층에는 사무실, 꼭대기 층에는 독서 공간, 자료 조사 공간 등이 있음

구분	내용
용도	상업 시설
설계	Herzog & De Meuron
공급 업체	Artemide Unifor, Republic of Fritz Hansen, Vitra
전체 면적	2,700m²

• 펠트리넬리 외관

8. ADI 디자인 박물관

이탈리아 산업디자인 박물관

1. 프로젝트 개요

- ADI Design Museum. 이탈리아 문화부에서 지원하는 사업의 일환으로 기획된 박물관으로 2021년 5월 25일에 개관했으며 단일 디자인 박물관으로는 유럽에서 가장 큰 규모를 자랑함

- 과거 ENEL이라는 전기 공급 회사의 본사로 사용되었던 곳을 5,000m² 규모의 박물관으로 새롭게 리모델링함

- 1956년에 밀라노에 설립된 ADI(Associazione Design Industriale) 산업디자인 협회는 이탈리아 최고 디자인 제품에만 수여되는 황금콤파스상(CompassoD'Oro)을 심사하는 단체로 ADI 박물관에서 이 상을 수상한 역대 작품을 볼 수 있음

• ADI 디자인 박물관 입구

2. 주요 내용

- 전시장 내부는 과거 전기 공급을 위해 설치된 배전기 등이 그대로 보존되어 있어 과거와 현재가 공존하는 이탈리아 밀라노의 특징을 잘 보여 줌
- 이탈리아 디자인의 진수를 보여 주는 〈더 스푼 앤드 더 시티(The spoon and the city)〉, 황금비율과 기하학적 구조 디자인을 사용한 작품이 있는 〈스패닝 더 월드(spanning the world)〉, 이탈리아 디자인의 발전 양상을 빅 데이터로 보여 주는 〈시스테마 디자인 이탈리아(Sistema Design Italia)〉 등 총 5가지 상 설 전시 구역으로 나누어져 있음
- 전시장 내부에는 관람자들을 위한 카페, 다양한 소품을 구입할 수 있는 디자 인숍 등이 마련되어 있음

• ADI 디자인 박물관 전시장 내부

• ADI 디자인 박물관 전시장 내부

9. 롬바르디아 정부 청사

롬바르디아주 정부 청사

1. 프로젝트 개요

- Palazzo Lombardia. 2011년에 완공된 밀라노 롬바르디아주 정부 청사 건물로 높이 43층 161m의 초고층 단일 건물
- 2004년 국제 설계 공모전에서 우승한 건축회사 페이 콥 프리드 앤드 파트너스(Pei Cobb Freed & Partners)가 설계했으며, 헨리 N. 콥(Henry N. Cobb)이 디자인 파트너로 참여함
- 2012년 국제 건축상 최우수 신규 글로벌 디자인 부문에서 수상함

2. 건축 개요

구분	내용
위치	The Centro Direzionale di Milano(CBD, Central Business District),
건물 완공	2010년 1월 23일(공식 완공: 2011년)
건물 높이	161.3m(529 feet)
건물 면적	70,000m²
설계	Pei Cobb Freed & Partners

Regione
Lombardia

HOST REGION

• 롬바르디아주 정부 청사 외관

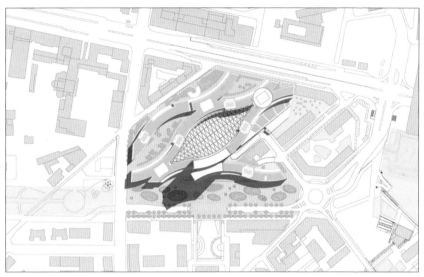

• 조감도 설계 이미지
출처:www.pcf-p.com

3. 기타

- 철근 콘크리트, 강철, 유리로 만들어진 161m 높이의 타워는 7~8층 높이의 복잡한 곡선형 건물로 둘러싸여 있으며 1층은 유럽에서 가장 큰 플라스틱 지붕이 있는 타원형 광장으로 연결됨
- 건물 외관의 외부 유리와 내부 유리 사이에는 태양열을 수집하여 재사용할 수 있는 벽이 형성되어 있음
- 39층은 매주 일요일 오전 10시부터 오후 6시까지 대중들에게 무료로 개방됨

4

밀라노의 주요 명소

1. 두오모
세계에서 네 번째로 큰 고딕 건축 양식 성당

- ▣ Duomo. 밀라노 시내 중심가에 위치한 상징이자 대표 고딕 양식 건축물로 비스콘티 가문 통치 시절(1277~1447)인 1386년 착공하여 1851년에 완공
- ▣ 길이 158.6m, 폭 92m, 높이 65.6m의 거대한 가톨릭 대성당으로 세계에서 네 번째로 규모가 큼
- ▣ 52개의 기둥으로 5등분되어 있는 십자가 구조로 성당에서 가장 높은 첨탑에는 마돈니나(Madonnina: 작은 성모)가 있음

• 밀라노 두오모 대성당 외관

■ 총 3,159개의 조각상으로 장식되어 있으며 어두운 내부는 15세기에 만들어진 화려한 스테인드글라스가 돋보임

• 밀라노 두오모 대성당 내부 　　　　　　　　　　　　　　　　출처: depositphotos

• 첨탑 끝에 위치한 마돈나 　　　　　　　　　　　　　　　　출처: tickets-milan.com

2. 비토리오 에마누엘레 2세 갈레리아

밀라노 쇼핑 성지

1. 개요

■ Galleria Vittorio Emanuele II. 이탈리아에서 가장 오래되고 활발한 쇼핑 갤
러리이자 밀라노의 대표적인 주요 명소로 도시 중심부의 4층짜리 이중 아케
이드 내에 위치하고 이탈리아 왕국의 첫 번째 왕인 빅토르 에마누엘레 2세
의 이름을 따 명명됨

■ 두오모 광장과 스칼라 광장을 연결하는 구간을 덮고 있는 팔각형으로 교차
하는 두 개의 유리 아치형 아케이드로 구성되어 있으며 당시 현대적인 유리
건축물 및 밀폐형 쇼핑몰이라는 새로운 건축물 분야에 영향을 미쳤을 뿐만
아니라 다른 쇼핑 아케이드와 쇼핑몰에서 갈레리아(Galleria)라는 용어를 사
용하는 데에도 영감을 주었다고 전해짐

※ 갈레리아: '두 건물 사이의 천장이 존재하는 보행자용 길'이라는 의미의 이탈리아어

■ 1877년 주세페 멘고니(Giuseppe Mengoni)가 설계했으며 네오 르네상스 양식
의 십자가 형태의 건물은 둥근 돔형의 천장이 중심을 잡아 주는 것이 특징적
이고 이는 이전에 건설된 쇼핑 아케이드에 비해 규모 면에서 전례가 없는 수
준이었다고 전해짐

• 비토리오 에마누엘레 2세 갈레리아 전경

2. 개발 경과

구분	내용
위치	P.za del Duomo, 20123 Milano MI, Italy
규모	총면적: 약 20,580m² - 높이: 47m - 층고: 지상 4층
용도	상업, 호텔, 레스토랑, 문화, 관광 명소 등
소유자	밀라노 지방자치단체(Comune of Milan)
건축가	주세페 멘고니
완공	1877년
특징	- 거대한 돔(내경 약 37.5m, 높이 17.10m)으로 장식된 4개의 통형 둥근 천장(폭 약 14.5m, 높이 8.5m)으로 구성 - 주로 오트 쿠튀르, 보석, 서적, 그림을 판매하는 고급 소매점부터 레스토랑, 카페, 바, 호텔이 위치 - 두오모 대성당과 알라 스칼라 극장을 연결하는 밀라노에서 가장 인기 있는 쇼핑 복합 단지 - 중앙 팔각형 바닥에는 이탈리아 왕국의 세 수도(토리노, 피렌체, 로마)와 밀라노의 문장을 묘사한 4개의 모자이크가 있음

3. 스칼라 극장
세계문화유산의 오페라 극장

1. 개요

- Teatro alla Scala. 밀라노의 스칼라 극장(La Scala)은 세계에서 가장 유명하고 역사적인 오페라 하우스 중 하나로 빈 오페라 하우스, 파리 오페라 극장과 함께 유럽 3대 오페라 극장이라 불림
- 오스트리아 공주 마리아 테레사에 의해 착공되어 1778년에 건립된 이탈리아 대표 오페라 극장으로 오페라의 거장인 베르디, 푸치니 및 로시니가 초연했던 곳. 클래식 음악과 발레 공연의 중심지로 많은 유명한 예술가들이 공연하고 있음
- 원래 산타마리아 델라 스칼라 교회의 터에 있었으나 제2차 세계대전 시 공습으로 소실되어 1946년 지금의 위치에 재건됨
- 극장 내부는 고전적인 이탈리아 스타일의 붉은 벨벳, 황금 장식, 크리스털 샹들리에로 꾸며져 있으며, 우아한 인테리어가 특징임. 단순히 공연을 관람하는 장소를 넘어 세계 문화유산의 중심지로, 밀라노의 도시 재생 및 발전에서도 중요한 역할을 하고 있음
- 극장 옆 스칼라 극장 박물관(Museo Teatrale alla Scala)에는 베르디의 유품, 오페라 공연에 사용된 무대 의상, 프리 마돈나 사진 등이 전시되어 있음

• 스칼라 극장 외관

2. 세계 주요 오페라 극장

오페라 극장명	개관 연도	비고
밀라노 스칼라 극장(Teatro alla Scala)	1778	
비엔나 국립 오페라 극장(Wiener Staatsoper)	1869	
파리 오페라 극장(Opéra Garnier)	1875	〈오페라의 유령〉의 배경
런던 로열 오페라 하우스(Royal Opera House)	1858	
뉴욕 메트로폴리탄 오페라 하우스(The Metropolitan Opera)	1944	
베네치아의 라 페니체 극장(La Fenice Theatre)	1792	

4. 스포르체스코성

밀라노의 대표적인 르네상스 건축물

- Castello Sforzesco. 유명한 귀족 가문인 스포르차의 프란체스코 스포르차 (Francesco Sforza)가 1450년에 요새를 개축한 성
- 대표적인 르네상스 건축물로 유럽에서 가장 큰 성 중 하나이며 현재는 중세의 무기, 악기, 미술 작품 등을 전시하는 박물관으로 사용하고 있음
- 매주 화요일 오후에 무료 개방하고 있으며 미켈란젤로의 마지막 조각품인 〈론다니니 피에타(Pietà Rondanini)〉로 유명함

• 스포르체스코성 외관

• 스포르체스코성 내부 건물

■ 미켈란젤로의 〈론다니니 피에타〉

- 미켈란젤로 부오나로티(Michelangelo Buonarroti, 1475~1564)는 레오나르도 다 빈치(Leonardo da Vinci, 1452~1519), 라파엘로(Raffaello Sanzio, 1483~1520) 등과 함께 이탈리아 르네상스의 전성기를 이끈 예술가로 대표 작품으로는 피에타(Pietà) 3부작(로마 성 베드로 성당의 〈피에타〉(1498~1499), 피렌체 대성당의 〈피에타〉(1547~1555), 〈론다니니 피에타(Pietà Rondanini, 1552~1564)〉)이 있으며, 그 중 미완성 작품인 〈론다니니 피에타〉는 밀라노 주요 명소 중 한 곳인 스포르체스코성에 전시되어 있음

- '피에타'란 이탈리아어로 슬픔, 비탄을 뜻하는 단어로 십자가에서 죽은 예수의 시신을 안고 슬퍼하는 마리아를 형상화한 기독교 미술의 작품 유형을 나타냄

- 1552년 제작된 미켈란젤로의 마지막 조각품인 〈론다니니 피에타〉는 1564년 미켈란젤로가 사망했을 당시 그의 로마 작업장에서 처음 발견되었으나, 사라졌다가 1807년 론다니니 궁전(Palazzo Rondanini)에서 다시 발견되어 〈론다니니 피에타〉로 알려짐

- 〈론다니니 피에타〉는 1807년 이후 여러 번의 소유자 변경을 거쳐 1952년 밀라노시가 인수한 후, 1956년 스포르체스코성의 라 살라 델리 스카를리오니(La Sala degli Scarlioni)에서 밀라노 건축 및 디자인 스튜디오 BBPR이 기획한

전시회에서 선보임

- 스튜디오 BBPR이 기획한 전시장 내부는 롬바르드 르네상스 조각품이 함께 전시되어 있어 장애인의 접근이 어려워지자 밀라노 시의회는 미켈란젤로의 작업을 스페인 통치 시절 부상당한 군인을 치료했던 곳이자 인간의 큰 고통과 기도가 쌓여 있던 공간에 따로 전시하기로 결정함
- 2015년부터 이탈리아 건축가 미켈레 데 루키(Michele De Lucchi)가 디자인한 레이아웃으로 〈론다니니 피에타〉가 전시되어 있음
- 이 작품은 오랫동안 미켈란젤로의 작품 중 미미한 것으로 간주되었으나 점차 비평가와 현대 예술가들의 호평을 받으면서 미술사에서 특권적인 위치를 획득함

• 미켈란젤로, 〈론다니니 피에타〉*

5. 나빌리오 운하
밀라노에서 가장 오래된 운하

■ Naviglio Grande. 1177년에 건설된 가장 오래되고 중요한 운하로 토르나벤토(Tornavento)에서부터 밀라노 다르세나 선착장(Darsena di Porta dock)까지 이름

■ 원래 밀라노 대성당을 건축할 당시 대량의 대리석을 운반하기 위해 만들어진 운하가 밀라노 거리마다 있었으나 현재는 나빌리오 지구를 포함한 일부에만 남아 있음

■ 최근에는 긴 운하를 사이에 두고 양쪽에 펍과 레스토랑, 갤러리나 공방, 서점 등이 있는 젊음의 활기가 넘치는 장소로서 관광객의 인기를 끄는 장소가 됨

■ 오후 5~6시 사이 여러 펍에서 음식을 음료와 즐길 수 있는 '해피 아워' 시간이 있음

• 나빌리오 운하 전경

6. 밀라노 트리엔날레
예술 및 디자인 박물관

■ Triennale Milano. 1929년 개관한 디자인 박물관으로 본래 트리엔날레 장식·
  건축 미술관이었다가 2007년 트리엔날레 디자인 뮤지엄으로 바뀜
■ 세계적으로 10곳이 채 안 되는 디자인 뮤지엄 중 하나로 이탈리아 디자인의
  역사, 밀라노 디자인의 정체성을 보여 줌
■ 3년에 한 번 이탈리아의 건축 및 디자인에 관한 전시를 연다는 목적으로 '트
  리엔날레'라는 이름을 붙였으나, 현재 국내외를 막론하고 다양한 시각의 실
  험적인 전시를 선보이고 있으며 디자인, 건축, 패션, 공예, 영화 등 여러 분야
  의 전시와 행사를 함

• 밀라노 트리엔날레 디자인 박물관 외관*

143

7. 암브로시아나 미술관
세계에서 가장 오래된 공공 미술관

- Pinacoteca Ambrosiana. 폴디 페촐리 미술관, 브레라 미술관에 이어 밀라노 3대 미술관 중 하나라 불림
- 밀라노 대주교 카를로 보로메오(Carolus Borromaeus) 추기경의 저택이었던 건물에 도서관과 함께 1618년에 창설함

• 암브로시아나 미술관 외관

- ■ 1층에 위치한 암브로시아나 도서관에는 75만여 권의 장서가 소장되어 있으며 〈일리아드〉, 〈신곡〉 등 초판본이 전시되어 있음
- ■ 2층에 위치한 미술관은 15~17세기 르네상스 시대의 작품을 중점적으로 전시하고 있으며 특히 레오나르도 다 빈치의 작품만 1,750점을 소장하고 있음

• 암브로시아나 도서관 내부

• 암브로시아나 미술관 전경

▣ 주요 작품

• 라파엘로, 〈아테네 학당〉 밑그림(스케치)

• (왼쪽) 보티첼리, 〈성모자〉, 1490
• (오른쪽) 레오나르도 다 빈치, 〈음악가의 초상〉 1483~1487*

출처: www.ambrosiana.it

8. 브레라 미술관
이탈리아 대표 미술관

▣ Pinacoteca di Brera. '피나코테카(회화관)'라고도 불리는 미술관으로 17세기 중엽 예수회 수도사를 위한 건물을 1809년 나폴레옹이 미술관으로 개조함

▣ 14세기 이탈리아 회화부터 모딜리아니의 작품까지 총 1,000여 점의 방대한 회화 컬렉션을 소장하고 있으며 주로 조반니 벨리니(Giovanni Bellini)의 〈피에타〉, 틴토레토(Tintoretto)의 〈성 마르코 주검의 발견〉, 라파엘로(Raffaello Sanzio da Urbino)의 〈성모 마리아의 결혼(The Marriage of the Virgin)〉 등이 유명함

• 브레라 미술관 전경*

■ 미술관 1층에는 예술대학인 브레라 국립 미술원이 있으며 미술관이 위치한
브레라 지구(Zona Brera)는 아름다운 거리와 특색 있는 상점들로 유명함

■ 주요 작품

• 조반니 벨리니, 〈피에타〉, 1460

• 프란체스코 아이예즈, 〈입맞춤〉, 1859

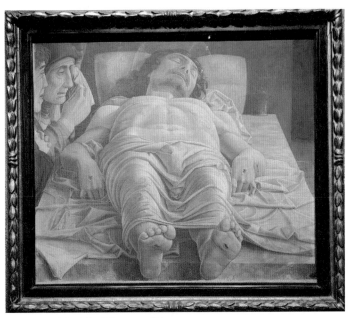

• 안드레아 만테냐, 〈죽은 예수〉, 1475~1478

• 카라바조, 〈엠마우스에서의 저녁 식사〉, 1605

9. 산타 마리아 델라 그라치에
다 빈치의 〈최후의 만찬〉 있는, 유네스코 세계문화유산 성당

1. 개요

■ Chiesa di Santa Maria della Grazie. 15세기 중반에 건립된 도미니코 수도회에 속하는 로마 가톨릭 교회의 성당으로 귀니포르테 솔라리(Guiniforte Solari)와 도나토 브라만테(Donato Bramante)가 만든 고딕 양식과 르네상스 양식이 혼합되어 있음

■ 마돈나 델레 그라치에(Madonna delle Grazie)로 알려진 마돈나의 프레스코화가 있던 예배당 자리에 지어짐

• 산타 마리아 델레 그라치에 외관

■ 정면에는 3개의 아치형 출입구, 중앙에는 로마네스크 양식의 종탑이 있으며
  내부에는 화려한 프레스코화와 조각으로 장식되어 있음
■ 교회 안 식당 벽에 성당과 함께 유네스코 세계유산으로 등록된 레오나르도
  다 빈치의 〈최후의 만찬〉이 그려져 있음

• 산타 마리아 델레 그라치에 내부

2. 레오나르도 다 빈치의 〈최후의 만찬〉

■ 레오나르도 다 빈치의 걸작 중 하나로 성경에서 예수 그리스도가 제자들과
  함께 마지막 저녁식사를 가졌을 때 장면을 묘사한 작품
■ 1495년부터 1498년 사이에 당시 레오나르도의 후원자였던 루도비코 스포
  르차(Ludovico Sforza) 교회와 수도원 건물을 개조하는 계획의 일환으로 의뢰
  한 작품이며 다 빈치의 뛰어난 관찰력과 예술적 재능을 잘 보여 주는 작품
■ 뛰어난 원근법, 독자적인 움직임 처리 및 인간 감정의 복잡한 표현이 특징적

으로 드러나는 등 이 작품은 서구 세계에서 가장 유명한 그림 중 하나이자 다 빈치의 가장 유명한 작품 중 하나가 되었음. 시간의 흐름에 따라 손상된 작품의 보수 작업과 전시 과정에서의 손상으로 현재는 원본 그림은 거의 남아 있지 않음

• 레오나르도 다 빈치, 〈최후의 만찬〉, 1495~1498*

• 최후의 만찬이 위치한 식당 내부*

10. 빌라 네키 캄필리오
아르데코를 대표하는 20세기 고급 주택

- Villa Necchi Campiglio. 밀라노에서 가장 아름다운 공간으로 손꼽히는 곳으로 1935년 건축가 피에로 포루타루피가, 이후엔 토마소 부치가 개조한 단독주택
- 원래 밀라노의 대부호 지지나 네키와 남편 안젤로 캄필리오 부부, 지지나의 여동생 네다 네키가 거주하던 집으로 지금은 이탈리아 문화예술 재단인 FAI(Fondo Ambiente Italiano)가 박물관으로 운영하고 있음

• 대형 태피스트리가 걸려 있는 다이닝 공간

- 집 내부는 모딜리아니, 마티스, 피카소의 스케치와 같은 예술 작품으로 장식되어 있으며, 천장의 마름모꼴 무늬, 라디에이터의 사각형 무늬, 창문의 다양한 모양 등이 돋보임
- 빌라 네키 캄필리오와 별도로 근처에 홍학, 플라밍고를 볼 수 있는 정원(Villa Invernizzi)이 있음

• 실내 공간

• 야외 수영장

11. 몬테나폴레오네 거리

명품 브랜드 밀집 거리

▣ Via Montenapoleone. 몬테 나폴레오네 거리와 산탄드레아(Sant'Andrea) 거리, 델라 스피가(Spiga) 거리, 보르고스페소(Borgospesso) 등 네 개의 거리로 이루어진 사변형을 콰드릴라테로(Quadrilatero)라고 부르는데, 이곳에 최고급 부티크들이 모여 있음

▣ 밀라노에서 가장 비싼 쇼핑 거리 중 하나로 밀라노 전체 쇼핑 매출의 25%를 차지함

▣ 몬테나폴레오네 거리 중심으로 유명 디자이너의 본점, 명품 브랜드숍으로 밀집되어 있으며 최신 모델이 제일 먼저 디스플레이되는 곳임

• 몬테나폴레오네 거리 전경

12. 부에노스 아이레스 거리
밀라노 의류 쇼핑 거리 중심지

- Corso Buenos Aires. 포르타 베네치아(Porta Venezia)부터 로레토 광장(piazzale Loreto)까지 이어지는 거리로 세계에서 가장 긴 쇼핑 거리
- 밀라노 북동부 주요 거리로서 350개가 넘는 상점과 아울렛이 있으며 유럽에서 가장 많은 의류 매장이 밀집해 있음
- 밀라노 전통 제품을 판매하는 작은 상점들로 유명했으나 지금은 현대적인 패션 매장으로 대체되었으며 일부 고대 건물 역시 고층 아파트로 바뀜
- 부에노스 아이레스 거리와 그 주변에서 신고전주의, 아르누보 양식의 건물을 볼 수 있음

• 부에노스 아이레스 거리 전경*

13. 코르소 코모 거리

유명한 보행자 쇼핑 거리

- Corso como. 1990년대에 젊은 패션 디자이너들이 모여 새로운 패션 트렌드를 이끌면서 유명해진 거리로 현재는 세계적인 명품 브랜드부터 신진 디자이너 브랜드까지 다양한 브랜드 매장이 밀집해 있음
- 밀라노 중앙역에서 2정거장(그린 라인) 거리의 가리발디(Garibaldi)역 앞 구역 전체를 '코르소 코모'라 부름
- 거리에는 다양한 카페와 레스토랑이 있으며 주요 명소로는 1990년에 설립된 편집숍 10 코르소 코모(10 Corso Como) 등이 있음

• 코르소 코모 거리 전경

• 10 코르소 코모 입구

• 10 코르소 코모 내부

출처: lombardiasecrets.com

14. 레오나르도 다 빈치 국립 과학기술 박물관

이탈리아에서 가장 큰 과학 박물관

- Museo nazionale della scienza e della tecnologia Leonardo da Vinci. 11세기 부터 16세기까지 수도원으로 사용한 건물을 다 빈치 탄생 500주년 되던 해 인 1953년에 박물관으로 개조함
- 2층 전시실에는 다 빈치가 발명한 기구의 디자인과 모델 등 레오나르도 다 빈치에 관한 방대한 자료가 전시되어 있으며 다른 전시실에서는 이탈리아 의 전반적인 기계 공업 및 기차, 선박, 항공에 이르는 모든 교통 수단에 대한 작품을 볼 수 있음
- 뮤지엄 극장, 음악과 춤, 쇼와 축제, 여름 캠프 등 다양한 이벤트를 진행하고 있으며 뮤지엄 숍에서는 서적, 어린이를 위한 장난감, 가방, 필기 도구, 모자, 장신구 등의 상품을 판매하고 있음

• 레오나르도 다 빈치 국립 과학기술 박물관 외관*

• 레오나르도 다 빈치 국립 과학기술 박물관 철도관

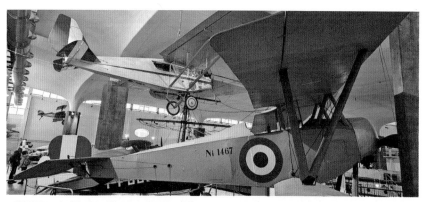

• 레오나르도 다 빈치 국립 과학기술 박물관 내부 작품

• 레오나르도 다 빈치 국립 과학기술 박물관 내부 전경

15. 밀라노 스타벅스 리저브 로스터리
에스프레소의 본고장 이탈리아에 문을 연 스타벅스 1호점

◼ Starbucks Reserve Roastery Milano. 밀라노 두오모 인근의 우체국 건물을
720평 규모의 스타벅스 매장으로 개조하여 2018년 9월 6일 오픈함
◼ 시애틀, 상하이에 이은 전 세계 3번째 리저브 로스터리 매장으로 스타벅스
최초의 아포가토 스테이션이 들어서 있음
◼ 115종이 넘는 다양한 종류의 커피가 제공되며, 대리석 카운터에서는 이탈리
아 커피 문화를 반영하여 바에서 에스프레소를 즐길 수 있는 공간이 마련되
어 있음

• 밀라노 스타벅스 리저브 로스터리 외관

출처: starbucksreserve

• 밀라노 스타벅스 리저브 로스터리 내부 이미지

• 밀라노 스타벅스 리저브 로스터리 내부 바

16. 산탐브로조 대성당

고대 로마네스크 양식의 로마 가톨릭 교회

- Basilica di Sant'Ambrogio. 밀라노에서 가장 오래된 교회 중 하나이며 379년 에 밀라노 수호 성인인 성 암브로지오를 기리기 위해 건축되었고 로마 박해 에 따른 수많은 순교자들이 묻혀 있으며 최초로 고대 로마네스크 양식으로 지어진 로마 가톨릭 교회

- 높이가 다른 두 종탑과 전체 교회 크기와 유사한 넓은 아트리움이 있으며 다 양한 시기의 벽화, 모자이크, 조각품 등 다채로운 예술품이 전시되어 있고 특히 가장 유명한 유물 중 하나인 성 안브로지오의 유체가 무덤 안에 보존되 어 있음

- 12세기와 16세기, 두 차례 보수 작업 및 재건축을 거쳐 현재의 모습을 갖추 게 되었으며 금세공 예술의 걸작으로 유명한 황금 중앙제단과 견고한 벽돌 구조가 인상적임

- 높이가 다른 두 종탑은 당시에 분열되었던 대성당의 모습을 상징하는 것과 더불어 단순히 교회라는 장소라는 의미를 넘어 수세기 동안 밀라노에서 종 교적·정치적으로 중요한 역할을 함

• 산탐브로조 대성당 입구*

■ 주요 시설

구분	내용
정면 및 외관	- 크고 평평한 외관 형태를 가지고 있으며 두 개의 겹쳐진 아치 형태의 로지아가 위치 (※로지아[loggia]: 서양의 건축용어로 한 방향 또는 그 이상의 측면이 개방된 지붕 달린 발코니, 베란다 또는 포치코) - 같은 크기의 세 개의 아치로 로지아의 측면은 약간 더 높은 아치가 있는 현관과 연결됨 - 과거에는 예비 신자들이 모이던 현관이 위치하며 위쪽 아치형 로지아는 밀라노 주교가 사람들을 축복하거나 군중들에게 연설하던 공간임
종탑	- 승려의 종탑으로 알려진 오른쪽 종탑은 9세기에 건설되었으며 원래 수도원의 모습에서 유일하게 그대로 남은 부분 - 12세기에 건설된 대포의 종탑이라고 불리는 왼쪽의 종탑은 더 높고 기둥이 있는 것이 특징
치엘 도로의 산 비토레 예배당	- 5세기에 별도의 예배당으로 건축된 치엘 도로(ciel d'oro)의 산 비토레(San Vittore) 예배당은 나중에 산탐브로조 대성당에 통합됨 - 전체가 금박으로 덮인 타일로 장식된 금고 중앙에는 성 빅토르가 표현되어 있음 - 측면에 성 암브로시우스(Ambrose)를 포함하여 6명의 성인이 모자이크로 표현되어 있는데 이 중에서 성 암브로시우스는 그를 표현한 가장 오래된 자료임 - 사다리꼴 형태로 구성되어 있으며 지하실을 갖추고 있음
산 시티로의 지하실	- 예배당 아래에 위치하여 과거에 성 사티로스(Satyr)와 성 빅토르(Saint Victor)의 시신이 안치되어 있었으며 지하실 대부분은 중세에 지어졌다고 전해짐 - 지하실에는 성 암브로시우스, 성 게르바시우스(Gervasius), 성 프로타시우스 (Protasius) 등 세 성인의 유해가 안치되어 있음

• 승려의 종탑(왼쪽)과 대포의 종탑(오른쪽)*

• 지하실에 안치되어 있는 성 암브로시우스, 성 게르바시우스, 성 프로타시우스의 유해*

17. 밀라노 고고학 박물관

이탈리아 고대 유물이 전시된 박물관

■ Civico museo archeologico di Milano. 1788년에 설립된 박물관으로 고대 이
탈리아의 다양한 유물과 유적을 소장하고 있음

■ 로마, 이탈리아, 에트루리아, 고대 그리스 총 4개의 전시실로 구성됨

■ 로마 전시실에는 로마 제국 시대의 일상생활과 사회 구조를 알 수 있는 다양
한 유물들이 전시되어 있으며 에트투리아 전시실에서는 에트루리아의 조각
상, 도자기, 금속 공예품 등을 감상할 수 있음

• 밀라노 고고학 박물관 내부 건물

출처: www.italia.it

• 밀라노 고고학 박물관 내부 전시장 　　　　　　　　　　출처: www.italia.it

• 밀라노 고고학 박물관 전시 작품 　　　　　　　　　　출처: www.italia.it

18. 산 시로 경기장

이탈리아 최대 규모의 축구장

1. 개요

■ Stadio di San Siro. AC밀란(AC Milan)과 인터밀란(Internazionale)의 홈 구장
으로 수용 인원 8만 18명인 이탈리아 최대 축구장

■ 인터밀란 팬들에게는 스타디오 주세페 메아차(Stadio Giuseppe Meazza)로,
AC밀란 팬들에게는 1980년 개명되기 이전의 명칭인 산 시로(San Siro)로 알
려져 있음

■ 밀라노와 베네토주의 코르티나 담페초가 공동 개최하는 2026년 동계 올림
픽 개막식이 개최될 예정

• 산 시로 경기장 외관

2. 역사

연도	내용
1925	- 경기장 착공, 누오보 스타디오 칼치스티코 산 시로(Nuovo Stadio Calcistico San Siro)로 명명
1926	- 1926년 9월 19일 완공, 밀란의 전용 구장
1947	- 인테르나치오날레(Football Club Internazionale Milano S.p.A.)와 구장 공유하기 시작
1948~55	- 2차 확장 계획으로 수용 인원 5만 명에서 15만 명으로 증가 - 건설 과정에서 10만 명으로, 보안 문제로 2만 5,000명까지 감소
1980	- 밀라노 축구선수 주세페 메아차의 이름으로 재명명
1987~90	- 1990년 월드컵을 앞두고 보수 공사 진행, 수용 인원 8만 5,000명으로 확장
1996	- 박물관 개설, 밀란과 인테르나치오날레의 역사 전시
1965, 1970, 2001, 2016	- 유러피언컵 결승전 개최
1991~97	- UEFA컵 결승전 3차례 개최(인테르나치오날레 2회, 유벤투스 1회)
2019	- 2019년 6월 24일 밀란과 인테르나치오날레가 산 시로를 대체할 신 구장 계획을 발표했으며 2019년 9월 26일 신 구장 조감도를 제시함
2021	- 2021년 12월 21일, 스포츠 시설 전문 건설업체 파퓰러스(Populous)의 건설안이 최종적으로 채택됨
2026	- 2026년 2월 6일 동계 올림픽(밀라노-코르티나 담페초)의 개막식 개최 예정

• 산 시로 경기장 내부

19. 밀라노 중앙역
밀라노 중앙 철도역

1. 개요

- Stazione di Milano Centrale. 롬바르디아주의 주요 철도역이자 로마 테르미니(Roma Termini)에 이어 이탈리아에서 두 번째로 많은 승객이 오가는 역
- 현재의 역은 1906년 심플론 터널이 개통되면서 증가한 교통량을 감당할 수 없어 기존 역을 철거하고 건축가 울리세 스타키니(Ulisse Stacchini)의 디자인에 따라 새로 지은 역으로 1931년에 개통함
- 이탈리아의 주요 철도 노선들이 모이는 종착역으로 매일 32만 명 이상의 승객이 방문하며 하루에 500편 이상의 기차가 운행됨
- 고속철도가 운행되는 역으로 서쪽으로 토리노까지, 동쪽으로 베로나를 지나 베네치아까지, 남북 본선으로는 볼로냐, 로마, 나폴리, 살레르노까지 이어짐
- 이탈리아 국영 철도 그룹인 RFI(Rete Ferroviaria Italiana)가 관리하고 있음

2. 역사

연도	내용
1864	- 지금의 밀라노 중앙역 역사 남쪽 공화국 광장 위치에 밀라노 첸트랄레 역이 처음으로 문을 염 - 프랑스 건축가 루이-쥘 부쇼(Louis-Jules Bouchot)가 설계하며 파리의 건축물 양식을 따름
1906	- 이탈리아 국왕 비토리오 에마누엘레 3세가 신 철도역 자리에 주춧돌을 놓음
1912	- 1912년 최종 건축 경연을 치르고 선정된 건축가 울리세 스타키니의 설계로 건설 시작
1925	- 경제 위기로 잠시 공사가 중단되었으나 다시 재개함
1931.7.1	- 새로운 밀라노 중앙철도역 공식 개관 - 역 정면 200m, 천장은 75m 높이로 당대 최고 규모
2006.9.25	- 철도 당국이 매표소 이전 및 장애인 이용객을 위한 엘레베이터/에스컬레이터 설치 계획을 포함한 1억 유로 예산의 역 개선 프로젝트 발표

• 밀라노 중앙역 정문*

• 밀라노 중앙역의 열차

20. 몬타넬리 공공 공원
밀라노 최초의 도시 공원

1. 개요

- Giardini pubblici Indro Montanelli. 밀라노의 포르타 베네치아(Porta Venezia) 지역에 1784년 설립된 밀라노에서 가장 오래된 도시 공원
- 1784년 오스트리아 행정부에 의해 개장된 공공 공원으로 밀라노에서 처음으로 대중적인 오락을 위해 만들어진 공간임
- 설립 후에도 정원은 계속해서 확장되어 현재 총면적 17만 2,000m²에 이르며 건물 내부에 자연사 박물관과 천문관 등 주목할 만한 건물이 많이 있음

• 몬타넬리 공공 공원 전경

2. 역사

연도	내용
1780	- 밀라노 부총독 페르디난도(Ferdinand)가 건축가 주세페 피에르마리니(Giuseppe Piermarini)를 지정하여 공공 정원 지역 개발 및 도시 공원 설립을 시작함
1782~1786	- 피에르마리니의 디자인에 따라 공공 정원의 공사가 진행되었으며 주로 무기징역을 선고 받은 수감자들이 노동력으로 사용됨 - 프랑스 정원 양식의 영향을 받아 기하학적 꽃밭, 큰 나무로 이루어진 길을 조성했으며 모퉁이에는 축구 게임을 할 수 있는 공간을 마련함
1856~1862	- 조경사 주세페 발차레토(Giuseppe Balzaretto)가 영국식 공원의 풍경을 기반으로 정원 서쪽 부분을 확장하기로 결정함(이탈리아 통일 이후 완료됨)
19세기	- 자연사 박물관과 함께 새장, 사슴, 원숭이, 기린 등 '동물 어트랙션'이 설립됨 - 동물 어트랙션은 밀라노 동물원으로 바뀐 후 1992년에 해체 - 현재 동물원의 일부 구조물은 남아 있으며, 인기 있는 몇 마리 동물은 자연사 박물관에 박제되어 있음

• 몬타넬리 공공 공원 전경

21. 치미테로 기념비

밀라노 공동묘지 기념 공원

- Cimitero Monumentale. 밀라노에서 가장 큰 묘지 중 하나로 건축가 카를로 프란체스코 마차키니(Carlo Francesco Maciachini)가 설계하여 1866년 공식 개관함
- 도시 곳곳에 흩어져 있던 수많은 작은 묘지를 하나의 장소로 통합할 계획이 었으나 점차 현대적이고 고전적인 다양한 이탈리아 조각상들로 채워짐
- 파메디오(Famedio)는 대리석과 돌로 만들어진 대형 명예의 전당 같은 건물로 소설가 알레산드로 만초니(Alessandro Manzoni)를 비롯한 도시와 국가에서 가장 존경받는 시민들의 무덤이 있음
- 중앙에는 나치 강제수용소에서 사망한 약 800명의 밀라노인 추모비, 입구 근처에는 공동묘지의 역사적 발전을 보여 주는 판화, 사진, 지도 등의 상설 전시회가 열리고 있음
- 1876년부터 1992년까지 운영된 서양 최초의 화장장(화장터)이 있음

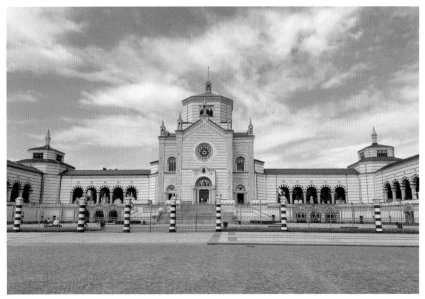

• 치미테로 기념비 외관

• 치미테로 묘지의 유대인 기념비*

22. 레오나르도 다 빈치 기념비
다 빈치의 동상이 있는 기념비

- ◼ Monumento a Leonardo da Vinci. 조각가 피에트로 마그니(Pietro Magni)에 게 의뢰하여 1872년에 완성된 레오나르도 다 빈치 기념비
- ◼ 밀라노 스칼라 광장에 위치한 기념 조각으로 꼭대기에 4.40m 높이의 레오 나르도 다 빈치 동상이 있음
- ◼ 기둥에는 그의 네 명의 제자인 조반니 안토니오 볼트라피오(Giovanni Antonio Boltraffio), 마르코 도지오노(Marco d'Oggiono), 체자레 다 세스토(Cesare da Sesto), 지안 자코모 카프로티(Gian Giacomo Caprotti)가 묘사되어 있음

• 레오나르도 다 빈치 외관

출처: flickr

5

밀라노 기타 자료

1. 밀라노 디자인 위크

세계 최대 디자인·가구 박람회

1. 개요

- Milan Design Week. 이탈리아 밀라노에서 매년 4월에 개최되는 세계에서 가장 큰 연례 디자인 행사로 유명 디자이너, 제조업체, 미디어 등이 참여함
- 디자인에 관련된 거의 모든 종류의 전시와 쇼룸이 열리는 기간으로 대규모 가구박람회인 '살로네 델 모빌레(Salone del Mobile)'를 필두로 밀라노 전역에서 1,000여 개에 달하는 장외 전시가 동시에 개최됨

2. 밀라노 국제가구박람회

- 1961년 이탈리아 목재가구협회의 후원으로 시작된 밀라노 국제가구박람회 (Salone del Mobile)는 매년 4월 밀라노에서 개최되는 세계 최대 규모 무역 박람회로 세계 각국의 최신 가구, 디자인 시장의 흐름, 트렌드 등을 알 수 있음
- 국제 산업 디자인협회(ICSID)와 산업디자인협회(ADI)의 회원인 무역 박람회 회사 코스미트 S.p.A에 의해 조직되고 운영됨
- 가구, 조명, 기타 가정용 가구 디자이너들이 신제품을 전시하는 대표적인 장소로 보통 밀라노 북서쪽 로(Rho)에 있는 피에라 밀라노(Fiera Milano) 단지에서 개최됨

- ■ 짝수 연도에는 주방 가구 전시회와 욕실 가구 전시회가, 홀수 연도에는 조명 전시회, 오피스 가구 전시회가 밀라노 국제 가구 전시회와 함께 열림
- ■ 가구 수출 진흥을 위해 1961년 개회 이후 해를 거듭할수록 규모가 커져, 약 23만m²의 전시 공간에 약 2,000개의 브랜드가 참가해 신제품을 선보이며 600여 명의 신진 디자이너가 참가하는 가구 및 디자인 관련 축제임
- ■ 매년 전 세계 180개국 이상의 관련 전문가들이 참석하고 있으며 연간 평균 방문객 수는 30만 명 이상임

구분	내용
전시명	2024 이탈리아 밀라노 가구 전시회(SALONE Internazionale del MOBILE)
개최 국가	이탈리아
개최 기간	2024년 4월 12~21일
개최 장소	MILANO RHO FIERA
전시 주관	COSMIT SpA
전체 면적	205,000m²
참가 기업 수	2,175개 기업
산업 분야	생활용품, 가구
주최 기관	Fiera Milano
전시 품목	가구, 조명

• 밀라노 국제가구박람회

출처: salonemilano Ph. Delfino Sisto Legnani

■ 관련 전시회 리스트

① 유로쿠치나(EuroCucina)/2024년 개최
- 짝수 연도에만 열리는 주방 가구 전시
- 1974년부터 조명 전시 유로루체(Euroluce)와 격년으로 개최되는 고급 주방을 위한 쇼 케이스로 주방과 관련된 가구 및 가전 트렌드 흐름을 볼 수 있음

② 유로루체(Euroluce)
- 2006년부터 시작했으며 주방 가구 전시 유로쿠치나(EuroCucina)와 격년으로 개최되는 국제 조명 전시회
- 혁신적인 기술과 디자인, 라이프스타일이 접목된 조명 제품을 볼 수 있으며 2024년 전시에서는 3만 여m² 규모의 공간에 초점을 맞춘 전시를 선보임

③ 밀라노 욕실 가구 박람회(Bathroom Furniture Fair)/2024년 개최
- 유로쿠치나와 함께 짝수 해에 열리는 전시로 욕실 가구부터 욕조, 수전, 욕실 액세서리 등 다양한 제품을 전시함
- 에너지 효율과 절약, 실내 오염 방지, 건강에 대한 강조를 반영한 제품 등 욕실 인테리어의 최신 트렌드를 한눈에 볼 수 있음

④ 밀라노 가구 액세서리 박람회(International Furnishing Accessories Exhibition)/2024년 개최
- 1989년부터 현재까지 매년 개최되는 전시로 장식품에서부터 가구 액세서리, 커튼, 러그 등 다양한 스타일의 제품을 볼 수 있음
- 2,400여 개의 업체가 전시회에 참가하며 38만 6,000여 명이 전시회를 방문

⑤ 밀라노 사무용가구 박람회(Workplace 3.0)/2024년 개최
- 업무 공간 계획에서 디자인과 기술에 전념하는 혁신적인 전시 영역으로 매년 개최됨
- 미래 업무 공간에 대한 새로운 접근 방식, 형태 및 솔루션 제공

⑥ 밀라노 디자인 솔루션 박람회(S.Project)/2024년 개최
- 디자이너, 기업 간의 제휴를 돕는 기업 간 플랫폼으로 디자인 제품 및 기술적인 인테리어 디자인 솔루션을 전문으로 다룸

- 인테리어, 아웃도어 가구, 패브릭, 조명 등 다양한 제품을 선보임
⑦ 밀라노 뉴 디자인 박람회(SaloneSatellite)/2024년 개최
- 35세 이하 디자이너를 위한 박람회로 2010년부터 시작됨
- 1만 명의 신진 디자이너와 270개 디자인스쿨 학생들의 다양한 작품을 선보이며 디자이너와 기업 간 프로모션을 촉진함

3. 푸오리살로네(Fuorisalone)

■ 국제가구박람회(살로네 모빌레)를 제외한 장외 전시로 총 9개의 구역에서 진행됨
■ 1980년대 초, 가구 및 산업 디자인 분야에서 활동하는 회사에 의해 시작되어 현재 자동차, 기술, 통신, 예술, 패션 등 많은 부문으로 확장됨
■ 토르토나 지구(Zona Tortona), 브레라 디자인 지구(Brera design district)등을 중심으로 밀라노 전역에서 다양한 자율적인 디자인 행사가 개최됨

• 푸오리살로네 기간 중 브레라 디자인 지구 전경   출처:Architonic

■ 주요 개최 지역

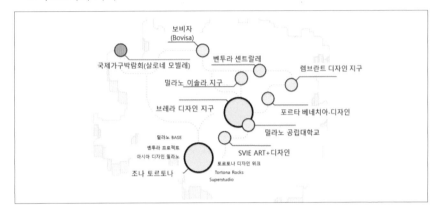

보비자
(Bovisa)

국제가구박람회(살로네 모빌레)

벤투라 센트랄레

렘브란트 디자인 지구

밀라노 이솔라 지구

브레라 디자인 지구

포르타 베네치아-디자인

밀라노 BASE
벤투라 프로젝트
아시아 디자인 밀라노

밀라노 공립대학교

SVIE ART+디자인

조나 토르토나

토르토나 디자인 위크
Tortona Rocks
Superstudio

■ 알코바(ALESSI)는 베이커리 공장, 군사 병원 단지 등 해마다 사회적 의미를 담은 장소를 발굴하는 디자인 플랫폼. 2023년 푸오리 살로네에서, 1900년대에 지어졌으나 현재는 그 역할을 잃어버린 포르타 비토리아 도축장(Macello di Porta Vittoria)을 새롭게 부활시킴

• 옛 도축장을 무대로 열린 2023 알코바 전시 전경

출처: livingsense

2. 밀라노 패션 위크

뉴욕, 런던, 파리 패션 위크에 이은 '4대 패션 위크' 중 하나

1. 개요

- Milan Fashion Week. 이탈리아 밀라노에서 1958년부터 시작된 의류 전시회로 2월과 9월에 브레라 거리, 팔라초 세르벨로니(Palazzo Serbelloni) 등 주요 거리에서 개최
- 이탈리아 패션 산업의 발전을 위해 비영리 협회인 국립 카메라 나치오날리 델라 모다 이탈리아나(Camera Nazionale della Moda Italiana)가 주최한 쇼케이스로 1960년대 이탈리아 유명 디자이너가 등장하며 세계적으로 주목받기 시작함
- 뉴욕에서 시작하여 런던, 밀라노, 파리에서 끝나는 일정으로, 행사에서는 수십 가지의 패션 액세서리, 화장품 및 미용 제품, 유행을 타지 않는 클래식함 및 고급스러운 디테일의 여성복 컬렉션을 볼 수 있음
- 신진 디자이너와 기존 디자이너가 혁신적이고 창의적인 컬렉션을 선보일 수 있는 기회를 제공함

• 밀라노 패션 위크 전시 전경   출처: namuwiki

구분	내용
장소	이탈리아 롬바르디아 밀라노
설립	1958년
주관	이탈리아 국립 패션협회(CNMI, Camera Nazionale della Moda Italiana)
정부지원	통산성, 밀라노시 명칭 후원
일정	2024년 2월 20~26일/2024년 9월 17~23일
특징	창의성과 실용성의 조화

2. 역사

▣ 이탈리아 최초의 패션쇼는 1951년 패션업계 사업가인 지오반니 바티스타 지오르지니(Giovanni Battista Giorgini)의 지휘하에 피렌체의 빌라 토리지아니(Villa Torrigiani)에서 개최됨

- 제2차 세계대전이 끝난 후, 지오르지니는 당시 뉴욕의 대형 의류 매장에서 여성이 즐길 수 있는 심플한 드레스 찾기에 열중한 모습을 보고 뉴욕이 파리의 영향 아래서 독자적이면서도 미니멀한 방향으로 변화하고 있다는 사실을 감지함
- 지오르지니는 뉴욕 도심에서 이탈리아식 패션쇼를 열겠다는 패션쇼 제안서를 들고 당시 뉴욕 최대 규모의 백화점인 B. 올트먼 앤 컴퍼니(B. Altman and Company)를 찾아갔으나 거절당함
- 지오르지니는 이탈리아 전역의 재단사들과 드레스 장인들(에밀리오 푸치, 폰타나 자매, 로베르토 카푸치 등)의 작품을 모아 1951년, 피렌체에 있는 자신의 저택에서 '메이드 인 이탈리아'만으로 이뤄진 패션쇼를 열게 되었으며 7년 뒤인 1958년 최초의 '밀라노 패션 위크'가 열리는 데 큰 영향을 미침

3. 특징

- 패션 위크 기간 동안 주관사가 시간대별로 지정한 브랜드들만 런웨이에 배정되며, 각각의 브랜드에서 바이어들과 유명인들을 초청한 후 패션쇼 혹은 프레젠테이션을 개최하여 다음 시즌의 신상품을 미리 공개함
- 4대(파리, 밀라노, 런던, 뉴욕) 패션 위크 중 파리 다음으로 규모가 크며 특히 남성 패션에 독보적임
- 팔라초 세르벨로니(Palazzo Serbelloni), 브레라(Brera) 거리, 트리엔날레 디자인 뮤지엄(La Triennale di Milano), 폰다치오네 프라다(Fondazione Prada) 등과 같은 우아하고 영향력 있는 장소에서 쇼를 개최함
- 고급스럽고 세련된 디자인, 혁신과 실험, 전통의 존중 등을 특징으로 함
- 밀라노 패션 위크 대표 브랜드로는 프라다, 구찌, 베르사체, 조르지오 아르마니, 발렌티노, 살바토레 페레가모, 스포트막스, 에트로, 막스마라, 써네이, 블루마린, 펜디, 돌체앤가바나 등이 있음

• 2024 F/W 밀라노 패션 위크

출처: fashionn

3. 2026 밀라노 동계 올림픽

밀라노와 코르티나 담페초에서 공동 주최하는 제25회 동계 올림픽

1. 개요

- 이탈리아에서 세 번째로 개최되는 동계 올림픽으로 제25회 올림픽 역사상 최초, 밀라노와 코르티나 담페초에서 공동 개최함
- 2019년 6월 24일 로잔 IOC 총회를 통해 밀라노에서는 빙상, 코르티나 담페초에서는 설상 경기를 진행하기로 최종 결정
- 설상 종목에서 산악스키가 새롭게 추가되었으며, 코르티나 담페초에 예정됐던 슬라이딩 센터 건설 계획의 무산으로 썰매 종목은 이탈리아 밖에서 진행될 예정
- 93개국 약 3,500명의 선수들이 대회에 참가하며, 200만 명의 관중이 경기장을 방문할 것으로 예상됨

2. 주요 내용

구분	내용
대회기간	2026년 2월 6~22일
개최국가	이탈리아 밀라노(빙상 종목)/이탈리아 코르티나 담페초(설상 종목)
슬로건	Sogniamo Insieme Dreaming Together, 같이 꿈꾸다
개막식	2026년 2월 6일. 밀라노 산시로 스타디움(예정)
폐막식	2026년 2월 22일. 베로나 아레나(예정)

3. 밀라노 주요 전시 일정

개최시기	전시회명	분야
1월	HOMI	인테리어 소품
2월	MILANO UNICA	원단 및 장신구
	MICAM	제화
	Mipel	가방
	LINEAPELLE	가죽 및 액세서리 원부자재
	TheOneMilano	봄, 여름 시즌 여성복 및 모피
	MIDO	광학 및 안경
3월	Cartoomics	영화, 만화, 게임
4월	MIART	현대 미술
	Salone Internazionale del mobile	가구 및 디자인
4~5월	Si-Soposa italia Collezioni	혼수 및 웨딩
7월	MILANO UNICA	원단 및 장신구
9월	HOMI	인테리어 소품
	MICAM	제화
	Mipel	가방
	LINEAPELLE	가방 및 액세서리 원부자재
	TheOneMilano	가을, 겨울 시즌 여성복 및 모피
9~10월	Smau	정보통신 및 첨단기기
10월	Host	요식업
11월	Eicma	모터사이클
12월	L'Artigiano in Fiera	전세계 특산품, 공예품 및 음식

출처: FieraMilanom KOTRA, 주밀라노총영사관 취합

6

베네치아의
도시 재생 및 개발 정책과 현황

1. 베네치아 개황

1) 개요

면적	414.6km²(서울의 0.3배)
인구	25만 8,051명(2023년)
인종 구성 분포	이탈리아인(89.6%), 기타(10.4%) (2023년)
위치 (이탈리아 북동부)	
기후	지중해 아열대 기후
시장	루이지 브루냐로(Luigi Brugnaro)
주요 특징	- 연간 약 3,000만 명이 방문하는 세계 제일의 수변 관광 도시로 베네치아(영어로는 베니스)는 이탈리아 북부 베네토 주의 주도로서 베네토 주의 행정 중심이자 중요한 항구 도시이자 과거 베네치아 공화국의 수도 - 400개 이상의 다리로 연결된 118개의 작은 섬으로 이루져 일명 '물의 도시'로 불리며 도시 전체가 유네스코 세계문화유산으로 등재(1987년)되어 보호받고 있음 - 서기전에 이곳에 살던 베네티인을 뜻하는 라틴어 'Venetia'에서 '베네치아'라는 도시 이름이 유래 - 많은 운하 사이를 곤돌라 등 각종 배를 타고 다니며 운하와 맞닿아 세운 각종 대저택, 교회 등 건축물들, 좁은 거리와 많은 다리를 지나면서 다양한 문화예술 컨텐츠를 볼 수 있음 - 베네치아 시민들은 주로 관광업과 유리·레이스·직물 생산 같은 관광 관련 산업에 종사하고 있으며 베네치아의 구시가지는 지난날의 공화국 번영 시대의 모습인 산 마르코 대성당, 두칼레 궁전, 아카데미아 미술관 등의 역사적 가치를 보존하고 있음 - 베네치아는 지반 침하 등으로 1년에 40일 정도 도시가 물에 잠기는 심각한 환경 문제를 겪고 있으며 이를 방지하기 위하여 모세 프로젝트 등 다양한 노력을 기울이고 있음 - 본섬 외에 주변의 주요 관광지로는 베네치아 국제영화제, 해수욕장, 카지노 등으로 유명한 리도섬, 유리세공업으로 유명한 무라노섬, 레이스 산업으로 유명한 부라노섬 등이 있음

2. 베네치아 행정구역

- **6개 구역(세티스에리)**

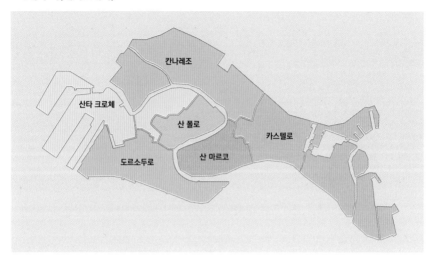

- **베네치아 행정구역(세티스에리)**

지역 명	주요 특징
칸나레조 (Cannaregio)	- 베네치아 초입 지역으로 버스 정류장이 위치 - 주요 명소: 카날 그란데, 카도로 미술관 등
산타 크로체 (Santa Croce)	- 베네치아 중앙 지역으로 기차역이 위치 - 주요 명소: 카날 그란데, 카 페사로 등
산 폴로 (San Polo)	- 리알토 다리가 위치하여 관광 중심지이자 유동 인구 많음 - 주요 명소: 리알토 다리, 리알토 마켓 등
산 마르코 (San Marco)	- 대표적인 유적지가 모여 있음 - 주요 명소: 산 마르코 대성당, 두칼레 궁전, 탄식의 다리 등
도르소두로 (Dorsodouro)	- 현지인 위주, 대학 지구 등이 위치해 유동 인구가 비교적 적음 - 주요 명소: 아카데미아 미술관, 페기 구겐하임 미술관
카스텔로 (Castello)	- 산 마르코 광장 인근 관광지, 비엔날레 개최 - 주요 명소: 비엔날레 아르세날레(본 전시장), 자르디니(국가 전시장)

1) 칸나레조(Cannaregio)

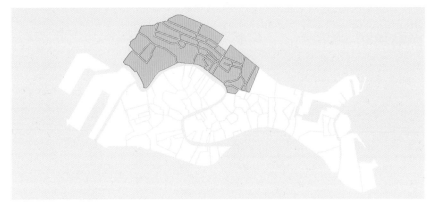

• 베네치아 칸나레조 지역

- 6개의 세티스에리 중 가장 북쪽에 위치하여 역사가 풍부하고 현지 풍미가 넘치는 지역
- 칸나레조라는 이름은 과거 이 지역에 위치했던 대규모 사탕수수 농장에서 유래되었으며 최초의 역사는 11세기 정착민들이 운하를 따라 집을 지은 시점부터임
- 역사 전반에 걸쳐 무역, 장인 정신 및 문화 교류의 중심지였으며 폰다멘타 델라 미세리코르디아(Fondamenta della Misericordia), 유대인 게토(Jewish Ghetto) 등이 위치함
- 칸나레조에 위치한 유대인 게토는 1516년 설립된 세계 최초의 유대인 게토였으며 1797년 인종차별법을 폐지할 때까지 유대인들이 강제 거주해야 했으며 현재 해당 위치에는 유대교 회당, 유대인 박물관, 지역 사회의 지속적인 정신과 제2차 세계 대전 중 목숨을 잃은 희생자들을 기리는 홀로코스트 기념관 등이 있음
- 고유한 이야기와 건축 양식을 지닌 산티 조반니 에 파올로 대성당(Basilica dei Santi Giovanni e Paolo), 마돈나 델로르토 교회(Madonna dell'Orto) 등이 위치하며 갈레리아 조르조 프란케티 알라카 도로(Galleria Giorgio Franchetti alla

Ca' d'Oro), 바그너 박물관(Wagner Museum) 등 유서 깊은 역사와 문화를 엿볼 수 있는 박물관과 갤러리 또한 위치해 있음

2) 산타 크로체(Santa Croce)

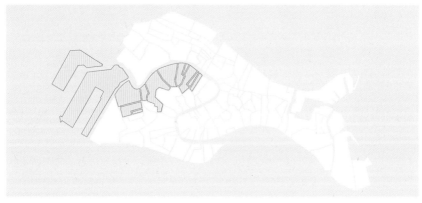

• 베네치아 산타 크로체

- 산타 크로체는 유명한 인근 지역에 비해 눈에 띄지 않는 경우가 대부분이나 조용한 운하, 매혹적인 거리, 웅장한 건축물이 특징적임
- 베네치아 본섬의 중앙에 위치하고 베네치아에서 가장 유명한 다리들과의 접근성이 높으며 산타 루치아 기차역 및 로마 광장 버스 정류장과 같은 주요 교통 허브 덕분에 교통이 편리함
- 이 지역의 이름은 19세기에 철거된 산타 크로체 교회(Church of Santa Croce) 에서 유래되었으며 시간이 지나면서 주거, 상업, 산업 지역이 독특하게 혼합 되면서 확장됨
- 산타 크로체는 존재하는 내내 베네치아의 경제, 정치, 문화 생활에서 중추적 인 역할을 해 왔으며 대운하를 따라 위치한 전략적 위치 덕분에 무역과 운 송이 활발해졌고 수많은 교회, 궁전, 공공 장소에서 중요한 행사와 모임이 개최됨
- 산타 크로체의 풍부한 역사적 태피스트리는 오늘날에도 이 지역의 독특한

정체성에 계속 영향을 미치는 다양한 건축물, 예술 및 전통에서 확인할 수 있음

3) 산 폴로(San Polo)

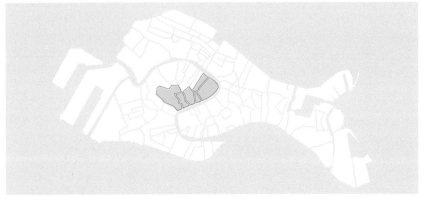

• 베네치아 산 폴로 지역

- 베네치아의 6개 세스티에리 중 가장 작은 지역으로 산 폴로라는 이름은 9세기 산 폴로 교회의 이름에서 유래
- 역사적으로 번화한 무역 중심지였던 초기부터 주거 중심지로 전통적인 베네치아 건축물, 운하, 다리 등이 위치하여 베네치아의 정체성을 가장 잘 보여 주는 지역이라고 할 수 있음
- 활기 넘치는 시장, 유서 깊은 교회, 상징적인 리알토 다리로 유명하며 폰테 디 리알토는 대운하의 전망을 제공하고 리알토 시장과 연결되어 있음
- 산 폴로에 위치한 베네치아에서 산 마르코 광장에 이어 두 번째로 큰 광장인 캄포 산 폴로의 넓고 개방적인 공간은 현지인들의 활기 넘치는 만남의 장소이자 인기 있는 관광 명소이며 오늘날에는 카페, 상점, 레스토랑이 즐비하여 관광객부터 현지인까지 활동과 문화의 중심지라고 할 수 있음

4) 산 마르코(San Marco)

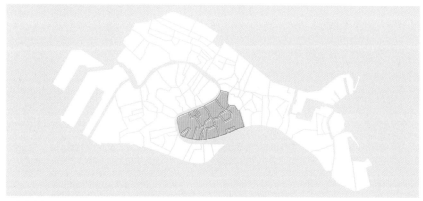

• 베네치아 산 마르코 지역

- 베네치아의 정체성이자 수호 성인인 성 마르코가 기원이자 수세기 동안 베네치아 정치, 종교, 생활의 진원지였으며 산 마르코 광장은 대부분의 역사적 주요 사건의 배경이었음
- 역사적, 건축학적 중요성 외에도 문화 행사, 축제, 카페 문화 등으로도 유명하며 베네치아 카니발 기간 동안 가면 무도회, 퍼레이드, 축제 등이 개최됨
- 산 마르코는 풍부한 유산을 보존하는 것과 더불어 먼 나라의 상인들이 이국적인 상품, 예술, 아이디어를 가지고 베네치아로 모여들었고 이에 문화적으로도 크게 번성하게 되었으며 그 결과 현재 산 마르코 지역은 베네치아 역사의 살아 있는 박물관이 되었음
- 산 마르코 광장은 시인, 예술가, 여행자 모두가 모이는 공간으로 광장에 있는 비잔틴, 고딕, 르네상스 건축 양식이 조화롭게 어우러져 베네치아의 풍부한 예술적 유산을 보여 줌
- 특히 5개의 돔과 황금색 모자이크로 장식된 산 마르코 대성당은 베네치아의 종교적 열정과 예술적 기량을 보여 주는 증거이며 화려한 방과 전설적인 탄식의 다리가 있는 총독의 궁전은 베네치아 공화국의 정치적 계략을 알 수 있는 건축물임

5) 도르소두로(Dorsodouro)

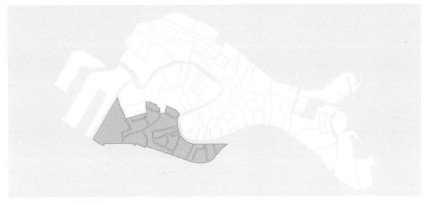

• 베네치아 도르소두로 지역

- 도르소두로는 16세기에 설립된 베네치아 해양 기술의 중심지이자 과거 베네치아 공화국에서 가장 중요한 조선소 중 하나인 아르세날레 디 베네치아(Arsenale di Venezia)의 본거지였으며 지중해 무역로를 지배했던 갤리선이 제작되었음
- 1750년 아카데미아 디 벨 아르티 디 베네치아(Accademia di Belle Arti di Venezia)가 설립되어 예술적인 정체성 또한 확립했고 베네치아 르네상스 예술 작품들을 보유한 아카데미아 갤러리 또한 도르소두로의 기념비적인 역할로 자리 매김함
- 20세기로 접어들면서 도르소두로는 현대 미술 운동의 최전선에 서게 되었고 현재에 이르기까지 예술가 보호 및 지원에 힘썼던 페기 구겐하임의 컬렉션이 팔라초 베니에르 데이 레오니(Palazzo Venier dei Leoni)에 보관되어 있음
- 베네치아 조선 기술의 정체성과 예술적 영혼이 조화를 이루는 곳으로 발전했으며 산타 마리아 델라 살루테(Santa Maria Della Salute)와 같은 역사적인 교회부터 현대 미술 공간에 이르기까지 과거와 현재가 합쳐지는 곳이라고 할 수 있음

6) 카스텔로(Castello)

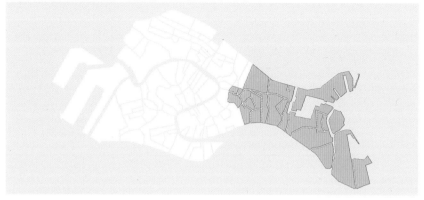

• 베네치아 카스텔로 지역

- 카스텔로 지역 명은 한때 우뚝 솟아 잠재적인 침략자들로부터 베네치아를 보호하는 요새 역할을 했던 중세 성에서 유래된 것으로 전해지며 해당 건물은 더 이상 존재하지 않지만 이 성은 지역의 초기 정체성과 중요성을 형성하는 데 중추적인 역할을 함
- 과거 베네치아 해군력의 중추였던 아르세날레(Arsenale)는 조선소와 병기고가 즐비한 복합 단지이며 현재는 세계적으로 유명한 미술 전시회인 베네치아 비엔날레가 개최됨
- 지역의 전략적 위치를 통해 군사적 거점일 뿐만 아니라 상업과 문화의 중심지였으며 산 피에트로 디 카스텔로(San Pietro di Castello)는 산 마르코 대성당이 그 명성을 이어받기 전에 한때 베네치아의 주요 대성당이었음
- 현지인들이 많이 거주하는 곳으로 관광객이 많이 모이는 곳에서 벗어나 현지인들의 일상을 엿볼 수 있으며 전통 시장, 오래된 공예품, 가족이 운영하는 트라토리아는 방문객에게 진정한 베네치아를 경험할 수 있게 함

3. 베네치아 경제 개황

■ 개요

구분	내용
관광	- 세계적인 축제와 행사가 많이 개최되어 '낭만도시'라고도 불리며 매년 수많은 관광객들이 방문함(가면 축제, 비엔날레, 베네치아 영화제 등) - 이외에도 예술과 영화, 중세의 성당, 해수욕장·카지노 등 유명 관광지 다수 소재
크루즈 산업	- 베네치아는 이탈리아의 주요 항구 중 하나로 수상 교통수단이 발달한 만큼 많은 관객들을 유치 - 이탈리아 국내총생산(GDP)의 약 3%를 크루즈 산업이 차지하고 있으며, 이에 연관된 4,000개의 관련 직종 보유(베네치아 항만청, 2021)
인쇄 및 출판	- 15세기 말까지 유럽 인쇄문화의 중심지였으며 이탈리아 내에서는 도시 처음으로 인쇄기를 도입함 - 인쇄 및 출판 기술의 발전에 따라 오랫동안 극작가, 시인, 작가들에게 영감의 원천이 된 문학의 도시(마르코 폴로, 자코모 카사노바 작가의 출신지, 작곡가 안토니오 비발디의 고향) ※ 영국의 셰익스피어가 이 도시를 배경으로 하여 〈오셀로〉와 〈베네치아의 상인〉을 집필함
건축	- 르네상스 시대에 문화 발전의 중심지 역할을 했으며 다양한 양식의 건축물들이 혼재해 어울려지는 것이 특징 - 콘스탄티노플의 비잔틴 양식, 초기 이탈리아의 고딕 양식, 중세 로코코 양식 등의 건축물을 볼 수 있음

4. 베네치아 약사

■ 약사

연도	역사 내용
452	- 로마 제국 말기 아틸라의 침공으로 이탈리아의 북동쪽에 위치한 베네토 지방에 살던 사람들이 이주하기 시작
568	- 이탈리아를 지배한 비잔티움(동로마) 제국의 형식적인 속국으로 포함됨
697	- 베네치아 공화국 초대 국가원수(파올로 루치오 아나페스토)를 선출하며 공화국 체제를 유지
800	- 프랑크족의 침입으로 말라모코로에서 리알토로 수도를 옮김, 프랑크와 동로마 양국간의 통상 교역권 획득.
828	- 알렉산드리아에 보관되어 있던 성 마르코의 성물과 주교좌를 밀반입, 베네치아의 수호성인으로 인정되었음 - 이후 중동지역 교역을 통하여 각종 성유물을 수집하며 9세기 동안 지중해 무역의 중심지로 번영
992	- 비잔티움 제국과 통상 조약 체결
1123	- 이집트에 승리하며, 팔레스타인으로 교역을 확장

연도	역사 내용
1204	- 제4차 십자군 전쟁에 참여하며 콘스탄티노폴리스 점령 - 동지중해의 패권을 장악하며 동로마 제국의 문화재들이 베네치아로 흘러 들어오게 됨
1261	- 콘스탄티노폴리스를 상실하고 비잔티움 제국이 부활함
1453	- 비잔티움(동로마) 제국이 오스만 제국에 의해 멸망하고 베네치아는 르네상스의 주역으로 떠오르기 시작
1499~ 1503	- 테살로니카를 점령하기 위한 오스만 제국과 전쟁에서 패배하여 동지중해에 대한 독점적인 지배권 상실
1508	- 교황령 주도의 이탈리아 캉브레 동맹 전쟁에서 승리
1571	- 오스만 제국과의 레판토 해전에서 승리하지만 베네치아는 오히려 키프로스를 상실
1630	- 4세기부터 유럽전역에 퍼진 흑사병 및 각종 전염병의 유행으로 당시 베네치아의 인구 3분의 1 감소 - 이를 기리는 의미로 산타 마리아 델라 살루테 성당의 건축이 시작됨
1669	- 5차례의 투르크-베네치아 전쟁에서 핵심 지중해 기지인 크레타를 오스만 제국에 상실
18세기 후반	- 무라노섬의 유리 공예와 뛰어났던 가공 기술과 관광업, 포 강 유역의 비옥한 토지와 농업을 통해 제조업의 중심지로 성장
1797	- 프랑스의 나폴레옹이 베네치아를 점령, 캄포포르미오 조약을 통해 밀라노 공국을 받는 대가로 옛 공화국을 오스트리아에 양도
1814	- 나폴레옹 퇴위 이후 빈 회의를 통해 롬바르디아-베네치아 왕국이라는 명칭으로 오스트리아 제국에 속하게 됨
1866	- 이탈리아 독립 전쟁이 일어나며 이탈리아로 국가 흡수
1917년 12월 1일	- 이탈리아 협상군 베네스 사령부 설립
1919년 6월 28일	- 베르사유 조약의 결과에 따라 베네치아의 독립이 결정됨
1925	- 주가 대폭락과 유럽 불경기, 1929년 미국발 대공황으로 인해 장기간 경제 침체기에 접하면서 빈민층이 늘어남
1937	- 베네치아 민주정부가 쿠데타로 무너지고 파시스트당 주도의 베네치아 공화국 신정부가 세워짐
1941년 5월 1일	- 이탈리아와 베네치아 합병 이후 베네치아 사회공화국으로 이름 변경
1944년 5월	- 반이탈리아 감정 폭발로 인한 베네치아 봉기로 파시스트 정부가 무너지고 베네치아 과도 정부가 설립됨 - 유고슬로비아를 통한 연합군에 의해 베네치아는 해방되었으며 1년여간의 연합군 사령부 정부가 지속되었다가 1945년 1월 베네치아 공화국으로 재독립
1945년 4월	- 제2차 세계대전 끝에 무솔리니 정권에서 해방됨
1968 12월 1일	- 4개월 간 베네치아 국립대학교 학생들이 프랑스의 68혁명에 영향을 받아 반전, 자유주의 운동이 확산

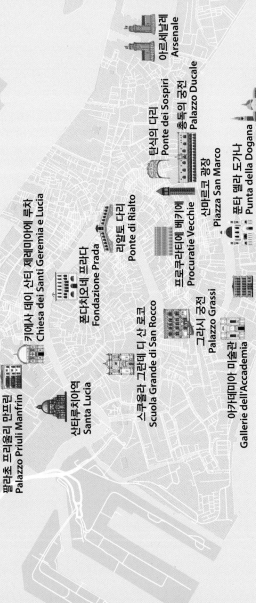

팔라초 프리울리 만프린
Palazzo Priuli Manfrin

산타루치아역
Santa Lucia

키에사 데이 산티 제레미아에 루차
Chiesa dei Santi Geremia e Lucia

폰다치오네 프라다
Fondazione Prada

스쿠올라 그란데 디 산 로코
Scuola Grande di San Rocco

리알토 다리
Ponte di Rialto

그라시 궁전
Palazzo Grassi

아카데미아 미술관
Gallerie dell'Accademia

프로쿠라티에 베키에
Procuratie Vecchie

산마르코 광장
Piazza San Marco

탄식의 다리
Ponte dei Sospiri

총독의 궁전
Palazzo Ducale

페기 구겐하임 미술관
Collezione Peggy Guggenheim

푼타 델라 도가나
Punta della Dogana

아르세날레
Arsenale

아바치아 디 산 조르조 마조레
Abbazia di San Giorgio Maggiore

자르디니
Giardini della Biennale

1) 베네치아 도시 개발 역사

■ 동서가 공존하는 물의 도시 베네치아의 도시 개발 역사는 베네치아가 가지고 있는 라구나(Lagoona, 석호) 위에 형성된 118개의 섬과 400여 개 다리로 구성된 독특한 지리적 환경, 그리스 로마 건축 문화를 바탕에 두고 이슬람 등 동양의 건축 문화를 융화시킨 혁신적인 건축 방법과 공간의 제한성을 운하 등 효율적인 공간 활용으로 특화하여 발전함

구분	내용
건국과 초기 성장 (5~9세기)	- 외부 칩입으로 베네치아 석호로 피신 정착 - 402년 게르만족과 고트족의 이탈리아 북부 베세토 지역 침입으로 원주민이 베네치아 라구나로 임시 피신 - 452년 훈족의 칩입으로 베네치아 석호로 임시 피신 - 569년 이탈리아 롬바르디아족 칩입으로 정착지로서 본격적으로 베네치아 석호 지역 거주 시작 ※ 섬의 통합 초기 주민들은 수많은 작은 섬에 정착했고 수로가 있는 곳에 인공운하를 만들고 연약한 지반을 보강하기 위해 무수히 많은 말뚝을 박고 그위에 돌이나 벽돌을 몇겹이고 쌓아 건물의 하부를 조성한 후 건축물을 지어 도시를 확장하기 시작함
팽창과 번영 (9~15세기)	- 828년 알렉산드리아에 묻혀 있던 복음 제자 중 한 명이 산마르코 유해를 베네치아에 모셔온 것을 계기로 화려한 베네치아의 번영이 시작됨 - 지중해 해상 권력을 장악했던 이슬람과 비잔틴 국가가 쇠퇴하기 시작한 이후 11세기부터 15세기까지 베네치아 공화국은 중세 최고 해상국가로 발전했음 - 11세기 아드리아해 해상권을 장악하여 지중해 패권국으로 도시국가를 형성함 - 11세기~13세기 십자군 전쟁은 베네치아에 엄청난 부의 도시국가를 형성하게 되는 계기가 됨 - 특히 102년 제4차 십자군 전쟁 시 십자군과 연합 비잔틴제국 수도인 콘스탄티노플을 점령하여 엄청난 고가 귀중품의 전리품들을 획득하면서 지중해 동쪽에서 해상 교역의 독점 체제를 구축함 - 15세기에 오늘날의 베네치아 도시국가가 형성되었으며 당시 유럽에서 파리, 밀라노 및 나폴리 같은 대도시와 어깨를 나란히 할 정도로 강성한 도시국가였음 ※ 베네치아는 서유럽과 비잔틴 제국 그리고 이슬람 세계 사이의 무역을 위한 중요한 중심지이자 중요한 해양 강대국으로 발전했으며 이 시기에는 산 마르코 대성당을 포함한 상징적인 건축물들이 건설되었으며 베네치아의 주요 통로가 된 대운하와 리알토 다리를 포함한 정교한 도시 기반 시설이 구축됨
팽창과 번영 (9~15세기)	- 15세기 르네상스의 영향으로 인한 궁전과 교회의 건설은 베네치아의 부와 문화적 명성을 풍요롭게 해 주어 예술과 문화적 도시로 성장하게 함 - 유럽 경제의 중심 도시로서 유럽 제일의 향신료 교역 중심지이자 예루살렘 성지 순례 방문 경유지로서 동서 무역의 중심적 허브 도시 국가의 역할을 함

구분	내용
쇠퇴 (17~18세기)	- 17세기 오스만투르크와의 전쟁에서 패배, 18세기 나폴레옹의 침공으로 패배하는 등 쇠퇴의 길을 걸었으나 문화예술의 도시라는 역사성 덕분에 괴테 등 유럽 지식인들이 견문 확장을 위한 그랜드 투어 시 핵심 방문지로 성장함
현대의 도전과 혁신 (19세기~현재)	- 19세기와 20세기는 산업화와 더불어 관광 산업으로 도시가 발전되었으나 환경 악화와 과잉 관광의 위협을 포함한 경제적 이익과 도전을 동시에 가져오기 시작함 - 베네치아 비엔날레, 가면 축제 및 영화제 등의 다양한 문화예술 콘텐츠와 더불어 운하의 도시라는 매력적인 관광 도시로 연간 3,000만 명 이상의 관광객이 방문함 - 베네치아의 도시 개발은 도시 환경을 둘러싸고 있는 물과의 관계와 복잡하게 연결되어 있으며 이는 도시 배치, 건축 양식 및 거주자들의 일상생활과 밀접한 관계에 있음 - 반면에 최근 수십 년 동안 베네치아는 건축 유산을 보존하고 기후 변화와 해수면 상승으로 인한 홍수 문제 등을 해결해야 하는 이중적인 문제들에 대한 대책을 세우고 도시 보존 정책을 세우고 있음

2) 도시 개발 계획 및 전략

▣ 베네치아의 도시 개발 계획은 도시의 유니크한 지리적 위치와 환경적 도전
에 대응하기 위한 전략으로 자연환경의 특수성을 극복한 유기적인 도시 발
전, 홍수 방지 및 수질 관리 등의 환경 보호, 역사적 유산의 보존 및 지속가
능한 발전에 중점을 두고 있음

(1) 자연환경의 특수성을 극복한 유기적인 도시 발전

- 바다와 운하라는 자연환경의 특수성으로 시내 중심에 S자형 대운하가 관통
하고 석호를 매립하여 인공 지반을 만들고 인공 섬을 건설하여 성장과 변화
를 반복한 도시로 미로와 같은 유기적 도시의 특성을 가짐
- 따라서 일반 계획 도시와 달리 도로도 불규칙적이고 복합적이지만 역사적
으로 교회나 교구 중심으로 자립적 커뮤니티 마을이 형성되어 육상 면적은
적으나 소통할 수 있는 공공 광장이 상당히 많음
- 지역의 특수성인 아름다운 바다와 운하적 특성을 고려하여 수상택시와 곤
돌라라는 교통수단을 관광 자원으로 활용하여 성공함

(2) 홍수 방지 및 수질 관리를 통한 생태계 복원

- 홍수 방지를 위한 MOSE 프로젝트가 계획되었으며 이 프로젝트는 베네치아 라군섬 입구에 설치된 이동식 방수문으로 구성되어 있으며 해수면 상승으로 인한 홍수를 방지하기 위해 설계됨
- 수질 개선: 베네치아는 또한 도시의 수질을 개선하고 라군의 생태계를 보호하기 위해 노력하며 오수 처리 시설의 개선과 더불어 폐수 처리와 관련된 인프라의 현대화를 포함함

(3) 역사적 유산의 보존

- 베네치아의 도시계획은 도시의 역사적 건축물과 지역의 보존에 큰 중요성을 두고 있어 유네스코 세계유산으로 지정된 도시의 중심부를 포함하여 역사적 가치가 있는 건물과 지역을 보호하고 복원하는 작업을 지속함
- 방문 관광객 수를 통제하여 역사적 지역의 과잉 관광을 방지하는 정책을 마련함

(4) 지속가능한 발전

- 교통 시스템: 베네치아는 지속가능한 교통 수단을 촉진하기 위한 계획을 포함하여 수상 버스와 같은 공공 수상 교통 수단의 효율성을 개선하고, 전통적인 곤돌라와 같은 친환경적인 교통 수단의 사용을 장려하는 것을 목표로 함
- 에너지 효율과 재생 가능 에너지: 도시계획은 또한 에너지 효율을 높이고 재생 가능 에너지 사용을 촉진하는 데 중점을 두어 공공 건물과 주거 지역에서의 지속가능한 에너지 사용을 장려하며, 탄소 배출량을 줄이기 위한 조치를 포함하고 있음

(5) 사회적 포용성

- 주거 정책: 베네치아는 원주민과 저소득층을 위한 주거 정책을 포함하여 도시 내에서의 사회적 포용성을 증진하기 위한 노력을 기울이고 있는데 이는

합리적인 가격의 주택 제공과 도시 내 사회적, 경제적 다양성을 유지하기 위한 조치를 포함하고 있음

※ 베니스 시티 솔루션(Venice City Solutions) 2030
    2018년 설립되었으며 베네치아 UN 아젠다 2030의 지속가능한 개발 목표(SDGs)를 달성하기 위하여 만들어진 기구로 베네치아 정부기관, 세계 지방 정부 연합(UCLG), UN 산하 기관 UNDP, UN-Habitat 및 UN Action Campaign, 민간 NNGO 및 학술 기관 등이 참여하고 있음

■ 모세(Mose) 프로젝트
- 베네치아 도시의 침몰과 석호를 홍수로부터 보호하기 위한 이탈리아의 계획으로 콘소르치오 베네치아 누오바(Consorzio Venezia Nuova)는 인프라 교통부(Venice Water Authority)를 대신하여 업무를 담당하고 있으며 2025년에 완료될 예정

※ 콘소르치오 베네치아 누오바
    베네치아 석호 보호를 위한 연구, 실험 활동, 설계 및 작업을 수행할 수 있는 허가를 받은 이탈리아 컨소시엄 회사

- 베네치아는 과거부터 말뚝을 석호 아래 진흙 바닥에 박아 그 위로 건물을 지었는데 시간이 지나면서 불안정한 기반 위에 지어진 건물 위치가 상당수 변했고 한 세기 동안 15cm 가라앉고 문화유산들이 잠기는 대홍수가 발생하는 등 계속해서 상황이 악화되고 있음
- 이처럼 악화되는 베네치아의 침몰과 홍수로부터 석호, 도시, 마을, 주민과 상징적인 역사적, 예술적, 환경적 유산을 보호하기 위해 리도(Lido), 말라모코(Malamocco) 및 키오자(Chioggia) 유입구의 해저에 설치된 일련의 이동식 게이트로 구성된 통합 시스템이며 해안 저지선의 기능을 하도록 설계되었고 최대 3m(9.8ft)의 조수로부터 베네치아와 석호를 보호함

• 모세 프로젝트의 수문

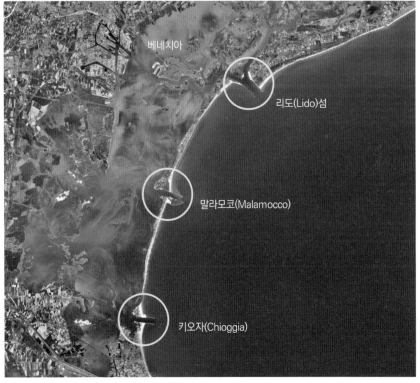

베네치아

리도(Lido)섬

말라모코(Malamocco)

키오자(Chioggia)

- 모세 시스템은 조수가 아드리아 해에서 석호로 퍼지는 해안 경계선의 세 관문인 리도, 말라모코 및 키오자의 입구에 위치
- 모든 수준의 만조로부터 전체 석호를 완벽하게 방어하기 위해 모바일 게이트의 장벽을 예측하는 통합 작업 시스템이 개발됨
- 만조가 발생하는 동안 바다로부터 석호를 제거하고 가장 빈번한 조수 수위 상승과 제방 및 포장 도로에 침범하는 것을 최소 +110cm까지 약화시키도록 설계됨
- 수질, 형태 및 경관 보호, 항구 활동 유지를 보장하는 매우 기능적인 방어 시스템이라고 할 수 있음
- 각 게이트는 두 개의 경첩으로 하우징 상자에 연결된 금속 상자 모양의 구조로 구성되며 게이트의 너비는 20m이며 설치된 입구 채널의 깊이에 비례하여 길이가 다르며 두께도 다양함

3) 베네치아 도시 구성 및 특징

- 베네치아의 수로는 각 지구를 연결하고 구불구불한 대운하의 영향으로 복잡하게 구성되었으며 길이라는 공간으로 생활 공간의 성격을 띤다고 할 수 있음
- 수로와 밀접한 관계를 맺고 있는 외부 공간은 주거 공간의 일상이 연장되어 생활 공간으로 사용되며 커뮤니티 공간을 형성하며 상업 도시로서 수로를 주요한 운송의 루트로 사용하며 수로에 면한 주거 형식은 중정을 가진 내향적 공간 구성을 취한다고 볼 수 있음
- 수로와 주택과의 관계는 직접적이고 비교적 단순한 패턴을 보이고 있는데 물이라는 요소를 직접적이고 적극적으로 이용하여 주택의 파사드가 운하에 면하여 개방적이고 화려한 모습을 하고 있어 수로와 관계하는 독자적인 건축 공간을 만들었고 이를 통해 수로를 효율적으로 이용하여 도시를 형성했음
- 장소성과 역사성이 풍부한 도시 공간과 함께 분명한 도시의 정체성을 부여하며 미학적인 도시 경관과 환경을 제공했다고 볼 수 있음

(1) 수로의 배치와 도로망의 구성 및 역할

■ 베네치아는 9세기 전후로 주택 건설과 함께 운하와 인공 지반을 조성했고 대운하(canal grande)와 그에서 파생되어 섬들을 서로 연결해 주는 소운하(rio)가 그물처럼 연결됨

출처: 베네치아 도시 및 운하, engineeringrome.org

■ 수로와 건물들이 접하는 부문은 네 가지 기준에 따라 구분함

구분	내용
1	수로와 건물이 직접적으로 만나는 경우로 수로가 물자 수송과 이동 수단이 되므로 수로가 갖는 역할의 효율성을 높임
2	도로가 수로와의 사이 공간을 형성하는 경우로 이러한 도로에는 수로와의 연결을 위한 계단이 설치되어 있어 주로 선착장의 역할을 함
3	물의 지층이 수로와의 사이 공간을 형성하는 경우로 건물의 지층부를 개방하여 통로로 사용하는 경우에 형성되는 아케이드 공간이나 건물 아래로 내려가는 통로 소토포르테고(sottoportego) 공간이 건물과 수로와의 사이 공간으로 대부분 좁은 도로와 연결됨
4	소광장이 수로와의 사이 공간이 되는 경우로 소광장이 수로와 주거군의 사이 공간이 되며 소광장의 중앙에는 대부분 우물이 위치해 있어 커뮤니티가 자연스럽게 형성됨

■ 베네치아의 도로망 구성 및 기능

- 수로는 대운하, 중심의 소운하, 내부의 소운하로 구분하며 먼저 대운하는 베네치아의 도심 중앙을 관통하고 있는 'S'자형의 수로로서 폭은 30~70m이고 길이는 3.8km임
- 즉 대운하의 형태는 곡선적이며 그 규모는 도시의 여러 운하 중에서 가장 크고 넓으며 수로가 가지는 역할은 4가지로 볼 수 있음

구분	내용
1	도시가 바닷물에 잠기는 것을 막으며 살아 있는 갯벌을 유지하고자 하는 수단
2	도시 내외로의 물자 운송 수단인 동시에 사람의 이동 수단
3	주택과 긴밀히 관계하며 여러 가지 측면에서 주택 내부의 생활을 지원
4	운하는 교구 내의 광장과 연계되어 커뮤니티를 형성시키며 도시 공간에 활기를 부여함

■ 베네치아 도로의 역할

구분	내용
루가 (ruga)	섬을 연결하는 주요 간선도로로서, 지구와 지구를 서로 연결하면서 광장을 통과하는 것이 일반적으로 상가나 공방 등이 밀집해 있는 상업용 거리인 경우가 많음
살리차다 (salizzada)	도시 성립 초기부터 포장된 주요 가로를 의미하는데 보통 섬을 관통하는 간선도로를 지칭하는 경우가 많음
칼레 (calle)	주요 간선도로나 운하 및 광장에서 파생된 좁은 골목으로서, 주택으로의 진입로로 좁은 길을 통하여 지구의 후면에 위치한 주택들은 운하와 광장으로 연결됨
라모 (ramo)	칼레에서 꺾어들어서 형성되는 좁은 길로 막다른 골목을 이루는 경우가 많음
소토포르테고 (sotoportego)	건물 아래 1층 부분을 비워서 좁은 길을 형성하는 터널형의 소로를 지칭하며 밀도가 높은 도시 환경 속에서 건물이 수로에 직접 면해 있으므로 이러한 길은 필수적으로 존재함
폰타멘타 (fontamenta)	운하를 따라 평행하게 형성된 길로 인공 지반의 형성 과정과 더불어 생성된 것으로서 대부분 직선적인 형태를 가짐

(2) 베네치아의 주거 공간 구성

■ 각 지구에는 주거, 생산, 소비, 여가 등 일상생활을 이루는 모든 기능적 공간들이 혼합하여 구성되어 있는데 도시 형성의 초기부터 교구 중심의 자립적 커뮤니티가 성립했기 때문에, 주거와 생산 등에 필요한 모든 기능이 하나의

교구 안에 동시에 마련되어 있음

- 주거지를 이루는 블록의 형태는 매우 부정형의 형태로 필지는 대운하와 이 것에서 파생된 소운하, 지구를 잇는 간선도로와 좁은 도로, 그리고 광장의 위치에 의해 비정형적으로 구분되어 일관되지 않은 다방향성의 축을 지니 고 있으며 필지의 크기 또한 매우 다양함

- 이는 도시 전체에 그물처럼 촘촘하게 형성된 운하와 도로 계에 맞추어서 주 거지를 구성할 수밖에 없었기 때문으로 도시 전체를 구성하고 있는 운하와 유기적으로 형성된 도로 체계로 인해 주거지 공간 구조도 복잡하고 변화가 많은 것으로 판단됨

- 주택의 외관에 있어서도 매우 독자적인 특성을 보이는데 특히 주택들은 밝 고 강렬한 색채와 더불어서 창과 개구부가 많으며 연속된 아치로 장식되어 독특하고 개방적인 모습을 보임

- 베네치아의 상류 계층 주택인 팔라초(Palazzo)는 주로 삼열 구성으로 이루어 지는데 운하에 인접하여 연속적이고 개방적인 파사드로 이루어짐

- 주택의 1층 중앙 홀은 상업 공간, 창고와 서비스 공간으로 이루어져 있고 2층도 1층과 마찬가지로 중앙에 연회 및 접견 등의 사교 공간이 있으며 외 부 벽면은 개방적이고 화려함

- 소규모 주택의 경우 대부분 이열 구성의 형태를 보이며 주택의 1층은 층고 가 낮고 상점과 작업장이 위치하며 2층은 주택의 침실과 같은 주생활 공간 이 됨

- 베네치아에서 이열 구성의 주택이 많이 등장한 것은 도시의 고밀화로 인해 넓은 필지의 확보가 어려웠기 때문임

• 팔라초 산타 소피아 외관　　　　　　　　　　　　　　　출처: www.archdaily.com

4) 베네치아 건축 양식과 특징

- 14세기부터 다양한 건축 양식이 등장하게 되었는데 고딕 양식이 대표적이며 콘스탄티노플의 비잔틴 양식, 스페인과 베네치아의 동부 무역 파트너의 이슬람 양식, 이탈리아 본토의 초기 종교적 고딕 양식의 영향을 많이 받았음
- 베네치아 풍의 취향은 보수적이었고 르네상스 건축 양식은 1470년대부터 건물에서 볼 수 있으며 베네치아 조건에 맞게 진화한 고딕 양식의 궁전의 전형적인 형태를 많이 유지함

■ 시대별 건축 양식 및 특징

구분	내용
비잔틴 아치 건축	- 900~1300년 베네치아인들이 사용한 최초의 건축 디자인 유형으로 상단에 둥근 아치가 있는 높은 구조와 반짝이는 질감으로 클래식하면서도 단순한 비잔틴 양식이 도입됨 - 모두 정교한 황금 모자이크 장식으로 대표 건축물은 산 마르코 대성당의 중앙 돔
이슬람 건축	- 1300~1500년에 베네치아에 도입되었으며 고딕 건축의 첫 번째 유형에 빈영되어 디자인은 매우 화려했지만 주로 고딕 건축의 주요 표시가 뾰족한 아치에 있는 구조에 가벼움과 우아함을 가져오는 데 사용됨 - 건물의 넓은 내부 공간을 덮는 데 사용된 뾰족한 아치와 늑골 아치에서 이슬람 건축의 주요 영향을 볼 수 있는데 1428년에 지어진 카도레(Ca'D'Ore) 궁전이 대표적임
세속적이고 종교적인 고딕 건축	- 고딕 아치의 마지막 스타일은 종교 고딕 양식으로 서양 고딕 건축을 따랐으며 최소한의 장식과 뾰족한 아치로 건축 - 산 폴로(San Polo) 지구의 중심부에 있는 캄포 데이 프라리(Campo dei Frari)에 위치한 산타 마리아 글로리아 데이 프라리(Santa Maria Gloria dei Frari) 교회가 대표적인 예시임
베네치아 고딕 건축	- 비잔틴 건축의 영향과 베네치아의 무역 네트워크를 반영하는 이슬람 건축의 영향을 받은 베네치아의 전형적인 이탈리아 고딕 건축 양식으로 주로 어두운 빨간색, 노란색 및 밝은 파란색을 많이 사용했는데 대표적인 건축은 팔라초 두칼레(Palazzo Ducale)임
베네치아 르네상스 건축	- 1480년대 이전이 아니라 피렌체보다 오히려 늦게 시작되었으며 이 기간 동안 도시는 매우 부유했고 베네치아 건물의 정면은 종종 특히 호화롭게 장식되었음 - 1500년에서 1600년 사이의 르네상스 시대는 아치형 창문과 기하학과 기둥을 기반으로 한 일부 고전적인 디자인을 선보이는 가장 혁신적인 고딕 양식의 건축물로 외부에 기둥과 반원 아치가 있는 그리마니 궁전(Palazzo Grimani)이 대표적임
베네치아 로코코 스타일	- 18세기 당시 베네치아는 여전히 패션의 중심지로 가장 화려하고 세련된 로코코 양식을 받아들임 - 베네치아 로코코는 일반적으로 매우 사치스러운 디자인으로 풍부하고 호화로운 것으로 베네치아 가구 유형에는 디바니 다 포르테고(divani da portego), 긴 로코코식 소파와 포체티(pozzetti)가 있으며 부유한 베네치아인의 침실은 대개 호화롭고 웅장했으며 비단 휘장과 커튼, 퍼티, 꽃, 천사 조각상이 있는 아름답게 조각된 로코코 양식임

■ 건물 기능별로 본 건축 양식

구분	내용
종교 건축물	- 건축학적 가치와 거기에 포함된 예술적 보물로 볼 수 있는 교회가 많은데 가장 중요한 것은 대운하 입구에 눈에 띄는 위풍당당한 돔이 있는 팔각형 산타 마리아 델라 살루테 대성당과 도시의 대성당이자 총대주교좌가 있는 산마르코 대성당임
궁전	- 베네치아는 거리, 운하, 운하가 내려다보이는 궁전이 많은데 이는 도시 황금기시대의 부유한 베네치아 가문의 거주지였음 - 고딕 양식의 팔라초 그라시(Palazzo Grassi), 르네상스 스타일의 외관이있는 팔라초 그리마니(Palazzo Grimani) 등이 대표적임
교량	- 176개의 운하를 가로질러 건설된 118개의 섬을 연결하는 400여 개의 공공 및 개인 교량이 있는데 대부분은 돌로 지어졌으며 다른 일반적인 재료는 나무와 철이고 가장 긴 다리는 베네치아 석호를 가로질러 도시와 본토를 연결하여 차량 통행을 허용하는 폰테 델라 리베르타(Ponte della Liberta)임 - 도시를 가로지르는 주요 운하인 대운하에는 4개의 다리가 있는데 폰테 델아카데미아, 폰테 델리 스칼치, 폰테 델라 코스티투치오네와 베네치아의 상징인 폰테 디 리알토임. 안토니오 다 폰테(Antonio Da Ponte)가 1591년에 건축한 리알토 다리는 도보로 대운하를 건널 수 있는 유일한 연결 다리로 다리 중앙에 상점들이 있고 다리 끝의 산 폴로 지역에는 과일 및 채소 시장, 수산 시장과 산 자코모 디 리알토(San Giacomo di Rialto) 교회가 있음 - 아울러 두칼레 궁전과 죄수들이 있는 교도소를 연결한 탄식의 다리(Ponte dei Sospiri)가 유명함
극장	- 대항해시대에 베네치아 공화국(Serenissima) 시대 뮤지컬, 연극 또는 코미디 공연을 위한 많은 극장이 존재했으며 2013년에 개조된 팔라초 그라시(Palazzo Grassi)의 소극장과 같은 귀족 궁전이나 18세기 라 페니체 테아트레(La Fenice Theatre, 1792년), 골도니 테아트레(Goldoni Theatre, 1622년) 및 말리브란 테아트레(Malibran Theatre, 1678년)가 있음

5) 최고 전성기 15세기 베네치아 성장 원동력

■ 베네치아는 15세기가 가장 최고의 전성기이자 화려한 부강한 도시국가로 성장했던 시기임

구분	내용
1. 유럽 최고의 도시	- 자유로운 도시, 누구에게도 침략되거나 정복된 적이 없으며 기독교인들에 의해 건설됨
2. 유럽 경제의 중심지	- 최고의 동서양의 상품 교역시장(향신료 등), 예루살렘 방문을 위한 필수 출발지 또는 경유지로 이용되었기 때문에 베네치아 화폐인 금화 두카트(Ducat)가 유럽의 기축통화 역할을 담당
3. 정치적 안정과 근대적인 국정운영	- 선거를 통한 민주적인 정권 교체의 이상적인 공화국 국정 운영

구분	내용
4. 베네치아 르네상스 문화의 국제화	- 1204년 제4차 십자군 전쟁 당시 콘스탄티노플에서 엄청난 보물 약탈 - 그리스 학문의 중심지로 1453년 비잔티움 제국이 오스만투르크 제국에 패배하면서 그리스 사람들이 베네치아로 망명하여 그리스 학문의 중심가되어 제2의 콘스탄티노플이 됨
5. 정보와 인쇄산업의 중심지	- 다양한 그리스어와 라틴어 문헌 정보에 관한 인쇄업이 발달하여 많은 책이 인쇄되었으며 구텐베르크 인쇄술은 베네치아에서 가장 활성화되었음 - 이는 베네치아가 충분한 자본력, 상업적 네트워크, 용이한 종이 재료 구입이 가능했기 때문이며 유럽의 15%, 이탈리아의 45% 인쇄업을 담당했으며 16세기 약 690개의 인쇄소가 있었음
6. 향신료 산업의 성장	- 15세기 유럽 제일의 향신료 시장으로서 후추, 생강, 계피 및 육계 등 베네치아 교역량의 20%를 차지하며 베네치아 무역의 엄청난 수익을 가져며 베네치아 부의 원천이었음

■ 향신료 산업의 성장

① 중세 향신료의 개념: 식물성 원료에서 채취되며 강한 맛과 향을 보유 음식의 맛을 내는데 사용되는 물질로 후추, 생강, 육계, 계피, 고츠 등이 있음

② 향신료의 용도-양념과 약재

- 고기 부패 방지나 냄새 방지에 사용되었으며 당시 음식의 75%에 향신료가 들어감

- 부유층의 식사에 필수 소비품으로 향신료는 약재로서 많이 사용되어 소화 촉진, 성기능 보조제(생강)로 많이 사용됨

③ 향신료에 대한 환상

- 향신료가 많이 생산되는 인도 등 가 보지 못한 원산지에 대한 환상이 있었으며 향신료가 인도 어딘가의 지상낙원에서 생산된다는 신앙적인 믿음이 강했음

④ 향신료 수송 선단의 무역 독점

- 베네치아는 향신료 수송전담 갤리선당을 창설하여 향신료 무역 독점 기반을 마련하여 알렉산드리아와와 베이루트에서 수입되는 유럽 전체의 80% 물량을 유통 및 선적 담당함

- 16세기 포르투갈의 인도항 개척 영향으로 독점적 선적 기반 상실함

6) 베네치아 수상 도시 건축 역사

■ 베네치아 도시 역사는 5세기 게르만족, 훈족 등의 침입으로 롬바디아 북쪽에 거주한 시민들이 척박한 석호 지대인 베네치아섬으로 이주하면서 시작됨

■ 당시 밀물일 때는 잠기고 썰물일 때는 드러나는 갯벌 같은 베네치아 석호 섬에서 땅의 일부만이 딱딱하게 갯벌이 굳어서 사람이 올라갈 수 있었고 이 부분에 말뚝을 박고 건물을 지으면서 베네치아 도시 역사가 시작됨

■ 베네치아는 농사를 지을 만한 땅이 없었기 때문에 어업과 선박이 발달하게 되었으며 중세 시대에 소금 무역과 향신료를 통해 경제적인 기반을 쌓았고 이를 활용하여 건물을 지을 때 수백만 개의 나무 말뚝을 박아 땅의 지반을 견고하게 다지고 벽돌을 쌓아 땅의 높이를 올린 후에 판돌을 깔아 땅을 다지는 등 베네치아의 지리적 특성을 극복하는 독자적인 도시 건설 기술을 발전시킴

■ 물에 강한 참나무나 낙엽송을 사용하여 말뚝을 제작했으며 말뚝이 산소가 거의 없는 진흙 점토층에 위치하여 썩지 않았고 석호의 물이 흙을 운반하여 퇴적층이 쌓이면서 나무 말뚝을 보호하는 역할을 해 주었기 때문에 1,000년 넘게 나무의 모양을 양호하게 유지할 수 있었음

• 과거 베네치아 건물의 말뚝을 박는 모습을 묘사한 그림

출처: veneziaautentica.com

(1) 베네치아 도시 개발의 초창기

■ 5세기와 6세기에 최초의 정착민들은 집이 대부분 나무로 만들어졌고 일부
는 갈대와 점토로 만들어졌기에 건물들이 가벼웠고 대부분의 경우 단순한
모래만으로도 집을 지탱할 수 있었기에 나무 말뚝 기술은 초창기에 사용되
지 않았음

■ 초기 정착민들은 적어도 땅이나 흙이 있는 곳에 집을 건설했는데 대부분 기
존 섬의 모래바닥 위였음. 그러나 모래 바닥이 너무 좁을 뿐만 아니라 멀리
떨어져 있었고 하루에 두 번 침수되는 심각한 한계가 있었음

■ 이에 베네치아의 중요성이 커짐에 따라 도시에는 더 많은 공간이 필요했기
때문에 땅이 전혀 없는 곳에서도 건축을 시작해야 하는 압박을 받았고 결국
물 위에 직접 지을 수 있는 방법을 찾기 시작함

■ 이후에 건축물들이 커지고 무게가 무거워지면서 건축 기술은 나무와 점토
에서 돌과 대리석으로 바뀌었으며 점차적으로 나무 기둥의 길이와 개수를
늘림

(2) 베네치아 건물의 기초

■ 과거 베네치아 건물 건설 과정

구분	내용
1. 나무 말뚝	- 나무 말뚝을 약 4m(또는 13ft) 깊이로 박아 연약한 지반을 굳힘
2. 석회석 층	- 석호의 물로 인해 쌓인 석회석 층이 나무 말뚝 위에 위치하여 견고한 기초 역할을 했으며 바닷물의 침식 작용으로부터 나무 말뚝을 보호함
3. 벽돌 건축	- 실제 건물 자체는 벽돌로 건축
4. 이스트리아 석재 외관	- 소금기가 있는 석호 물의 부식 효과로부터 구조물을 더욱 보호하기 위해 건물의 하부 부분(물에 면한 외관 포함)은 조밀한 유형의 석회암인 이스트리아 석재로 마감함
5. 대리석 장식	- 장식적인 목적으로 대리석을 사용했으며 일반적으로 바닷물과 접촉할 가능성이 적은 건물의 상부에서 주로 사용됨

■ 말뚝 위에는 두껍고 엇갈린 나무판이 수평으로 두 겹 깔려 있었고 그 위에는
벽돌과 돌이 층을 이루고 있었으며 운하 물을 마주하고 있는 기초 부분은 베
네치아 맞은편 크로아티아 쪽 이스트리아 반도에서 채취한 조밀한 유형의

불침투성 석회암인 이스트리아 석재를 사용함
- 외벽도 원추형으로 되어 있어 건물의 무게를 더 잘 견딜 수 있었으며 특히 이스트리아 석재는 땅 내부가 물과 직접 접촉하는 것을 방지하는 역할을 함

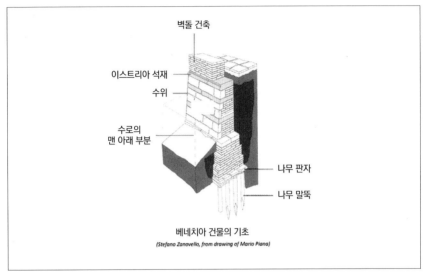

벽돌 건축

이스트리아 석재

수위

수로의
맨 아래 부분

나무 판자

나무 말뚝

베네치아 건물의 기초
(Stefano Zanovello, from drawing of Mario Piana)

• 베네치아 건물의 기초   출처: allaboutvenice.com

- 대부분의 나무 말뚝은 카란토(Caranto)라고 불리는 단단한 점토층에 위치했는데 만약 진흙보다 무게를 더 잘 견디는 성질이 있는 카란토 점토층에 도달하지 못할 경우 토양 압축 기술을 사용하여 부드러운 진흙을 단단한 진흙으로 바꾸어 지반을 단단하게 만들었으며 이 경우에는 말뚝이 전체 표면에 설치되었음
- 나아가 베네치아의 경우 대부분이 지형의 특성을 고려하여 건물이 지어지기보다 의뢰자의 의뢰로 건물이 지어졌다는 기록을 통해 당시 베네치아의 건물들은 카란토의 깊이나 도달 가능 여부에 전혀 의존하지 않았음을 보여 줌
- 초반에는 나무 말뚝 위를 망치로 두드리는 사이에 무거운 물건을 끼고 장대 윗부분 양쪽에 하나씩 고정하는 방식이었으나 더 깊고 빠르게 쌓을 수 있는 더 무겁고 자동화된 기계를 발명함

• 토르첼로(Torcello) 지역의 나무 말뚝이 위치했던 흔적을 발굴한 모습   출처: allaboutvenice.com

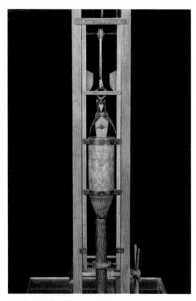

• 나무 말뚝을 박을 때 사용했던 기계   출처: allaboutvenice.com

7

베네치아의 주요 랜드마크

1. 아르세날레

과거 조선소와 무기고 부지를 비엔날레 전시 공간으로 재생

1. 프로젝트 개요

- Arsenale. 산업화 이전 시대에 베네치아에서 가장 큰 생산 중심지이자 경제적, 정치적, 군사적 힘의 상징이었던 이탈리아 북부의 조선소와 병기고 복합 단지. 이것이 탈바꿈하여 현재는 그 일부가 비엔날레 전시 공간으로 활용됨
- 베네치아 공화주의 시대인 1104년경에 건설이 시작되어 약 45ha(110ac), 즉 베네치아의 약 15%에 달하는 면적에 3.2km 길이의 성벽으로 둘러싸인 조선소에서 도시 항구에서 항해하는 선박을 건조했음
- 수세기 동안 세계에서 가장 큰 해군 공장으로 성장했고 제1차 세계대전이 시작될 때까지 원래의 기능 및 명성을 유지했으나 제1차 세계대전 당시에 생산 활동이 점진적으로 중단되고 공간의 기능성이 위축됨

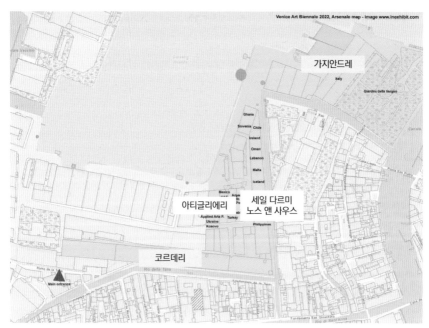

• 아르세날레 지도   출처: www.inexhibit.com

• 아르세날레 전경   출처: www.labiennale.org

■ 주요 내용

구분	내용
위치	SESTIERE CASTELLO CAMPO DELLA TANA 2169/F 30122 VENICE
전시 면적	코르데리에: 약 11,430m² 세일 다르미 노스 앤 사우스 · A구역: 7,150m²/B구역: 1,850m²/C구역: 5,300m²
용도	비엔날레의 전시 장소 및 오픈 섹션에 활용

특징	- 베네치아 해상 무역선의 대부분을 생산했으며 1797년 베네치아 공화국이 나폴레옹에게
	  몰락할 때까지 지속되어 도시의 경제적 부와 권력의 대부분을 창출함
	- 나폴레옹 통치하에 파괴된 이후 나중에 해군 기지로 재건됨
	- 1980년 제1회 국제 건축 전시회를 계기로 비엔날레 전시 장소가 되었고 이후 미술 전시
	  오픈 섹션에서도 사용됨

2. 약사

년도	역사 내용
1150~1200	아르세날레 베키오(Arsenale Vecchio)의 첫 번째 중심지 형성
1304~1322	로프 제조를 위한 최초의 코르데리에 델라 타나(Corderie della Tana) 공장(Casa del Canevo) 건설 및 갤리선 건조를 위한 아르세날레 베키오 부두에 볼토 델 부킨토로(Volto del Bucintoro) 건설
1325~1326	아르세날레의 동쪽에 위치한 습지대와 산 다니엘레(San Daniele) 호수를 구입 후 아르세날레 누오보를 건설하여 주의 모든 해군과 대형 상선을 한 곳에서 건조하고 유지 및 관리 가능하도록 개선
1453	콘스탄티노플의 몰락으로 인해 공화국은 지중해에서 위협적인 오스만 해상 함대에 맞서기 위한 강화 및 보수
1460	스트라달 캄파냐(Stradal Campagna)에 무기실과 포병 작업장의 건설 시작 및 아스날의 기념비적인 입구인 포르타 디 테라(Porta di Terra) 건설
1508	다르세나 누오비시마(Darsena Nuovissima)에 마당과 창고 건설(1545년경 완료)
1569	새로운 갤리선 건조를 위해 다르세나 델레 갈레아체(Darsena delle Galeazze)를 건설
1571	레판토 해전에서 승리
1579~1585	안토니오 다 폰테의 코르데리 재건
1750	갈레아체(Galeazze) 운하의 동쪽 기슭에 있는 스콰드라토리(Squadratori) 건물 건설
1798~1805	오스트리아 군대의 베네치아 입성 및 선박의 수리 및 조선 활동이 재개
1806~1814	프랑스 지배 하에 프랑스 해군 건설 시스템에 맞춰 새로운 무기고 현대화 프로그램을 시작
1814~1848	두 번째 오스트리아 지배

년도	역사 내용
1866	베네치아를 이탈리아 왕국에 합병
1880	스트라달 캄파냐에 조정 공병 건물 및 해군 기지 사령부 건설 및 누오비시마(Nuovissima) 북부 지역의 고대 건설 현장을 현대화함
1920	서쪽에 있는 6개의 헛간이 화재로 소실됨
1980	제1회 국제 건축 전시회를 계기로 비엔날레의 전시 장소로 활용

3. 주요 시설

1) 코르데리에(Corderie)

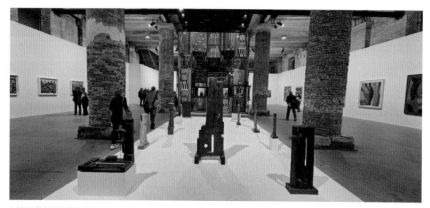

• 아르세날레 코르데리에   출처: www.labiennale.org

- 아르세날레 남쪽에 뻗어 있으며 1303년에 건설된 후 리알토 다리의 조각가 이자 건축가인 안토니오 다 폰테의 프로젝트에 따라 1579년에서 1585년 사이에 재건축됨
- 제1회 국제 건축 전시회를 계기로 스트라다 노비시마(Strada Novissima)를 설치한 1980년에 처음으로 사용함
- 베네치아 당국이 복원한 후 현재 국제 미술 전시회 및 국제 건축 전시회에 사용함

2) 세일 다르미 노스 앤 사우스(Sale D'armi north and south)

• 아르세날레 세일 다르미 노스 앤 사우스　　　　　　　　　출처: www.labiennale.org

- 비엔날레가 열리는 아르세날레 지역의 중심부에 위치하며 3개 구역과 4개 구역으로 구성된 2개의 2층 건물로 구성됨
- 1460년경 당시 세레니시마 공화국의 무기 보관소로 사용되었을 뿐만 아니라 특히 저명한 손님의 방문 시 대표로 사용함
- 2012년부터 베네치아 당국과 합의하여 노후화 복원 작업 시작
- 다르세나 그란데(Darsena Grande)가 내려다보이는 북부 지역은 2개 층의 4개 구역(현재는 A, B, C, D라고 함)으로 나뉘고 완전히 복원된 B, C 및 D 섹션은 비엔날레 참여 국가별 전시 공간(아르헨티나, 페루, 남아프리카, 터키, 멕시코, 아랍에미리트 및 싱가포르)으로 사용되며 내부 공간이 더 넓고 명확하게 표현된 파트 A는 비엔날레 대학에서 활동시 주로 사용함
- 남쪽 부분은 현재 E, F, G라고 불리는 2개 층의 3개 건물로 구성되어 있으며 위층으로 향하는 인상적인 계단은 1786년 건축가 로시(Rossi)가 설계함

3) 아티글리에리(Artiglierie): 1560년에 건설되어 1층 건물로 구성되어 있으며 아르세날레 워크숍을 주최하는 공간

• 아르세날레 아티글리에리   출처: www.labiennale.org

4) 가지안드레(Gaggiandre): 1568년에서 1573년 사이에 건설된 두 개의 조선소로 전시 공간으로 활용함

• 아르세날레 가지안드레   출처: www.labiennale.org

2. 자르디니

비엔날레의 전시 공간으로 전환된 녹지 공원

1. 프로젝트 개요

■ Giardini. 19세기 초 나폴레옹에 의해 베네치아의 동쪽 가장자리에 만들어졌
  으며 1895년 비엔날레가 시작된 이후 베네치아 비엔날레를 개최하는 공원
  지역으로 비엔날레 아르테 전시회의 전통적인 장소로 여겨짐

■ 비엔날레의 초창기 성공 이후 1907년 외국관 건립이 시작되었으며 중앙관
  주변으로 오스트리아, 네덜란드, 핀란드 등 다양한 국가관이 추가되어 현재
  29개의 외국 파빌리온이 있음

■ 각 국가관은 해당 국가에 할당되어 베네치아 비엔날레 기간 동안 해당 국가
  의 예술 작품을 전시하며 카를로 스카르파(Carlo Scarpa), 알바르 알토(Alvar
  Aalto)를 포함한 20세기 최고의 건축가들이 설계함

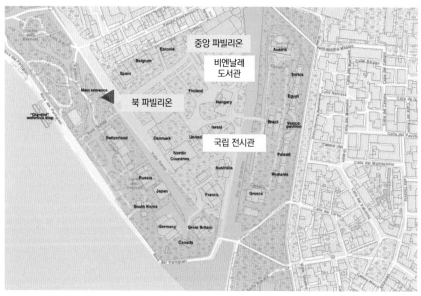

• 자르디니 지도

출처: www.inexhibit.com

■ 주요 내용

구분	내용
위치	SESTIERE CASTELLO 30122 VENICE
용도	비엔날레 기간 중 국가관 예술 작품 전시
특징	- 산 마르코 광장과 총독의 궁전에서 정원을 나누는 좁은 물길인 바치노 디 산 마르코 강둑에 공공 정원을 만들기 위해 습지대의 물을 빼 낸 나폴레옹 보나파르트에 의해 만들어짐 - 베네치아 비엔날레 기간 중 각 국가관에 할당된 국가들의 예술 작품을 전시 진행 - 중앙 파빌리온, 비엔날레 도서관, 서점, 구내 식당, 국립 전시장 등의 시설로 이루어져 있음

2. 주요 시설

1) 중앙 파빌리온

• 자르디니 중앙관 외관 정면 모습

출처: www.labiennale.org/en

- 1894년 베네치아 지방의회는 자르디니의 첫 번째 전시 궁전인 중앙 파빌리온을 비엔날레 개최를 위해 의뢰했고 마리우스 데 마리아(Marius De Maria)와 바르톨로메오 베치(Bartolomeo Bezzi)가 디자인한 자유로운 분위기의 외관이 특징

- 1905년까지 라 비엔날레(La Biennale)는 자르디니 공간에 집중하여 각 나라의 예술가들이 구분 없이 함께 전시를 하던 중 비엔날레 초창기 성공에 힘입어 외국관을 건설하여 다양한 국가의 예술가를 노출하도록 장려함

- 1968년 카를로 스카르파는 파빌리온 중앙 홀에 다락방을 계획하여 전시 면적을 두 배로 늘리고 1977년에는 지방자치단체를 대상으로 한 발레리아노 바스토르(Valeriano Pastor)의 강당이 개관되었으며 현재는 도서관으로 탈바꿈함

- 2009년 라 비엔날레 전시장 개편의 일환으로 자르디니의 역사적인 첸트랄 파빌리온(Central Pavillion)은 3,500m² 규모의 다기능 및 다용도 구조물이 되

었으며 영구 활동의 중심지이자 다른 가르덴스 파빌리온스(Gardens Pavil-ions)의 랜드마크가 됨

- 2011년 전시 공간과 현관 홀의 개편을 통해 중앙관이 다기능 정원으로 탈바꿈되었고 그때부터 중앙 파빌리온은 교육 활동, 워크샵 및 특별 프로젝트를 포함하여 다양한 목적에 따라 최적의 환경을 제공할 수 있게 됨

2) 비엔날레 도서관

• 자르디니 도서관   출처: www.labiennale.org

- 2009년부터 자르디니 중앙관의 핵심 부분이자 현대 미술을 중심으로 재단 활동의 문서화 및 심화에 이바지하고자 비엔날레 활동의 모든 카탈로그를 보존하고 건축, 시각 예술, 영화, 무용, 사진, 음악, 연극 분야와 관련된 서지 자료를 수집

- 15만 1,000권이 넘는 장서와 3,000권이 넘는 정기간행물을 보유하고 있으며 이탈리아 현대 미술의 주요 도서관 중 하나

3) 국립 전시관

• 자르디니 미국관, 2024

- 1894년에 중앙관이 건설된 후 29개의 파빌리온이 건설되었으며 공원의 녹지로 둘러싸인 파빌리온은 20세기 건축에서 높은 가치를 지님
- 국가관 건립 연대 순서
- 1907년 벨기에(Léon Sneyens)
- 1909년 헝가리(Géza Rintel Maróti)
- 1909년 독일(Daniele Donghi)이 철거되고 1938년에 재건됨(Ernst Haiger)
- 1909년 영국(Edwin Alfred Rickards)
- 1912년 프랑스(움베르토 벨로토)
- 1912년 네덜란드(Gustav Ferdinand Boberg)가 철거되고 1953년에 재건됨
- 1914년 러시아(Aleksej V. Scusev)
- 1922년 스페인(Javier De Luque)
- 1926년 체코 및 슬로바키아(오타카르 노보트니)
- 1930년 미국(체스터 홈즈 올드리치 및 윌리엄 아담스 델라노)
- 1932년 덴마크(Carl Brummer)가 1958년 피터 코흐(Peter Koch)에 의해 확장
- 1932년 베네치아 파빌리온(Brenno del Giudice), 1938년 확장
- 1934년 오스트리아(요세프 호프만)

- 1934년 그리스(M. Papandreou - B. Del Giudice)
- 1952년 이스라엘(지브 레히터)
- 1952년 스위스(브루노 자코메티)
- 1954년 베네수엘라(카를로 스카르파)
- 1956년 일본(요시자카 다카마사)
- 1956년 핀란드(알바르 알토 홀)
- 1958년 캐나다(BBPR 그룹)
- 1960년 우루과이
- 1962년 북유럽 국가: 스웨덴, 노르웨이, 핀란드(Sverre Fehn)
- 1964년 브라질(아메리고 마르케생)
- 1987년 호주(Philip Cox), 2015년 재건(J.Denton, B.Corker, B.Marshall)
- 1995년 한국(김석철, 프랑코 만쿠소)

4) 북 파빌리온

- 자르디니 북 파빌리온

- 1991년 제5회 베네치아 비엔날레 국제건축전을 계기로 개관했고 제임스 스털링(James Stirling)이 디자인한 것으로 정원 입구 앞 공간에 위치하며 긴 1층 구조로 이루어져 있음

3. 베네치아 비엔날레

전 세계 예술가와 관객들의 문화 교류의 장이자 현대 예술의 플랫폼

1. 프로젝트 개요

- Biennale di Venezia. 비엔날레 재단이 매년 이탈리아 베네치아에서 개최하는 국제 문화 전시회로 1895년부터 매년 개최되어 가장 오래된 비엔날레임
- 아르세날레 홀과 자르디니 홀에서 열리는 주요 전시회는 예술과 건축을 번갈아 가며 진행하고 재단이 주최하는 연극, 음악, 무용 등의 다른 행사는 매년 베네치아의 여러 지역에서 개최되는 반면에 영화제는 리도섬에서 개최
- 베네치아 비엔날레는 미술계에서 중요한 행사로 인정받으며 전 세계의 예술가와 예술 애호가들에게 큰 관심을 끌고 있는 것은 물론 현대 예술의 흐름

• 베네치아 비엔날레 개최 장소

출처: www.inexhibit.com

과 동향을 이해하고 미래의 예술 방향성을 탐색하는 데에 중요한 플랫폼 역할을 함

2. 비엔날레 종류

1) 미술 비엔날레(La Biennale d'Arte di Venezia)

• 베네치아 미술 비엔날레   출처: www.arteincampania.net

- 1895년도부터 개최되어 코로나19로 인해 개최가 연기된 이후 짝수년에 개최됨
- 세계에서 가장 크고 중요한 현대 시각 예술 전시회 중 하나임
- 전시 공간은 7,000m²가 넘으며, 75개국 이상의 예술 작품들이 국가 전시관과 공동 전시 공간에 전시됨

237

2) 건축 비엔날레(La Biennale d'Architettura di Venezia)

• 베네치아 건축 비엔날레   출처: arte.sky.it

- 1980년도에 처음 개최되었으며 현재는 홀수 해에 개최됨
- 미술 비엔날레와 마찬가지로 전시는 아르세날레 홀의 주요 전시와 아르세날레 파빌리온 및 비엔날레 정원에서 개최되는 전국 전시회를 기반으로 함

3) 국제 현대 음악 페스티벌(Festival internazionale di musica contemporanea)

• 베네치아 국제 현대 음악 페스티벌

- 1930년도에 처음 개최되어 매년 9월/10월에 진행

4) 베네치아 국제 영화제(Mostra internazionale d'arte cinematografica)

• 베네치아 국제 영화제   출처: www.labiennale.org/it

- 1932년 처음 개최되었고 세계에서 가장 오래된 영화제 중 하나
- 아카데미 시상식이나 칸 영화제와 함께 세계 3대 영화제로 불리기도 함
- 베네치아 리도섬에서 개최됨

3. 역사

구분	내용
1895년	- 첫 번째 비엔날레인 '제1회 베네치아 국제 미술 전시회(I Esposizione Internazionale d'Arte della Città di Venezia)'가 4월 30일 이탈리아 왕과 여왕에 의해 개막됨 - 첫 번째 전시회임에도 불구하고 22만 4,000명의 방문객이 관람

구분	내용

1896~
1930년대
	- 1907년부터 첫 국가관인 벨기에 국가관이 설치된 이후 여러 국가의 국가관을 설치하기
	  시작했고 1910년에는 최초로 국제적으로 유명한 예술가들이 전시
	- 제1차 세계대전 동안 1916년, 1918년 행사는 취소됨
	- 1928년 현대 미술 역사 연구소(Istituto Storico d'Arte Contemporanea)가 창설되었으며
	  이는 비엔날레 보관 컬렉션의 첫 번째 핵심이었으며 1930년에 이름이 현대 미술사적
	  기록 보관소로 바뀜
	- 1930년 비엔날레 뮤지카, 1932년 베네치아 영화제, 1934년 비엔날레 극장 또한
	  추가적으로 개최됨

1940년대	- 제2차 세계대전으로 인해 비엔날레 활동이 중단되었으며 1946년에는 영화제가 재개되었고 1947년에는 뮤지카, 극장이 재개되었으며 미술 전시회는 1948년에 재개되었음
1960년대	- 비엔날레는 현대 미술의 새로운 흐름과 개념을 탐색하는 플랫폼으로 성장했고 미술계의 획기적인 작품들이 소개되었으며, 다양한 문화 교류가 이루어짐 - 1964년 미술 비엔날레에서 유럽 대륙에 팝아트를 소개함
1980년대	- 1980년에 비엔날레 건축 부분이 신설됨

1990년대~
20세기
	- 비엔날레는 미술계의 중요한 행사로 자리 매김하며, 현대 예술의 다양한 양상을 선보이고
	  토론의 장을 제공함.
	- AI와 같은 새롭게 등장한 디지털 예술과 다양한 예술 형식의 발전에 따라 비엔날레도 그에
	  맞추어 발전하고 있음

• 1895년에 개최된 제1회 비엔날레 공식 포스터*

4. T 폰다코 데이 테데스키

과거의 독일 상인들의 거주 지역을 럭셔리 백화점으로 재생

1. 프로젝트 개요

- T fondaco dei Tedeschi. 폰다코(fondaco)라는 단어는 여행하는 상인들을 위한 여관 같은 시설을 가리키는 아랍어 펀두크(fundùq)에서 유래되었고 테데스키(Tedeschi)는 독일인을 의미하며 리알토 다리 근처 대운하에 위치한 과거 베네치아의 독일 상인들의 본부이자 거주 구역이었음
- 20세기 당시 포스테 이탈리아네(Poste Italiane)의 베네치아 본부로 사용되었으며 2008년에 베네통 그룹에 매각되어 네덜란드 건축가인 렘 콜하스(Rem Koolhaas)가 새로운 쇼핑 센터로 3년간 설계 진행 후 2016년 완공됨
- 현재는 T 갤러리아 면세점이 입점되어 있는 쇼핑 센터로 이용되고 특히 루프탑 테라스 관광, 다양한 주제의 전시회 등의 문화 활동 또한 종합적으로 즐길 수 있어 베네치아 최대의 쇼핑 복합 센터라고 할 수 있음

• 폰다코 데이 테데스키*

▣ 주요 제원

구분	내용
위치	Calle del Fontego dei Tedeschi, Rialto Bridge, 30124 Venice, Italy
규모	부지 면적 2,500m²(연면적 9,000m²)
시행사	Politecnica Ingegneria e Architettura, OMA-도시 건축 사무소
설계자	렘 콜하스
완공일	개조 작업 이후 2016년 10월 완공
용도	쇼핑부터 문화, 사교, 일상 생활까지 대중들에게 다양한 활동을 제공
특징	- 과거 독일 상인의 숙소로 이용되던 당시 1층은 물로 접근할 수 있어 창고와 사무실이 위치했고 거주 공간은 약 160개 - 외관적으로 정사각형 평면이며 중세 우물이 위치한 중앙 안뜰을 마주하는 3층으로 구성됨 - 외관의 낮은 층에는 한때 물품이 대운하에서 하역되었던 현관을 둘러싸고 있는 5개의 커다란 둥근 아케이드가 있음 - 단순히 쇼핑 센터로서의 역할만 하는 것이 아니라 사교의 장소 및 전시 장소로 활용되기도 하며 도시 환경의 현대적이고 대규모 복합 공간이라고 할 수 있음

2. 주요 내용

■ 현재 건물에 DFS 그룹의 첫 번째 유럽 매장인 T 갤러리아 면세점이 입점함
※ DFS 그룹: 1960년대에 설립된 명품 소매 업체

■ 계단, 중앙 안뜰로 이어지는 140개의 아치는 돌로 만들어졌으며 이곳에서 수세기 동안 내부 및 외부 벽에 조르조네와 티치아노의 프레스코화를 보관했고 기둥과 창문에는 상인들이 새긴 간판이 남아 있음

■ 우체국 본부로 이용될 당시 20세기의 주요 복원 작업에 시멘트가 과도하게 사용되었기 때문에 오늘날에도 시멘트의 흔적이 뚜렷하게 남아 있음

■ 황동은 렘 콜하스가 최신 폰다코 복원에 사용한 새로운 재료로 창문부터 장식 요소, 파노라마 테라스의 난간부터 비상 계단까지 총 20톤에 달하는 건물의 모든 영역에 나타나며 황동 외에도 4층을 구성하는 강철과 유리, 3층 대형 테이블의 대리석 등 다른 요소 또한 내부 인테리어를 풍성하게 함

3. 역사

- 1225년: 정확한 건설 날짜는 알려져 있지 않으나 가장 초기의 기록에 의하면 1225년 폰다코라는 건물이 독일 상인들의 무역과 숙박 시설로 사용되었다고 함
- 1505년: 1월 27일 심각한 화재로 인한 건물의 완전한 소실
- 1508년: 3년 동안의 재건축 작업 완료 및 8월 1일 비단, 향료 등 귀중품을 대가로 금속 등 원자재 교역 재개
- 1797~1806년: 베네치아 공화국의 몰락과 나폴레옹의 등장으로 독일 상인들의 위축에 의한 건물 기능성의 쇠퇴
- 1925년: 체신국(Post and Telegraph Administration)의 건물 매입 및 베네치아 중앙우체국의 본부로 활용

- 1939년: 콘크리트를 활용한 건물의 현대화 및 주요 복원 작업이 완료
- 2008년: 폰다코는 에디치오네 프로퍼티(Edizione Property)의 건물 매입
- 2013년: 네덜란드 건축가 렘 콜하스와 OMA 스튜디오의 폰다코 개조 작업 시행
- 2016년: 10월 1일 유럽 최초의 DFS 매장으로 대중에게 개장

• 폰다코 데이 테데스키 내부   출처: www.dfs.com

5. 프로쿠라티에 베키에

산 마르코 광장 3개 건물을 복합 문화 상업 시설로 재생

1. 프로젝트 개요

- Procuratie vecchie. 산 마르코 광장을 중심으로 오른쪽에 건축된 프로쿠라티에 베키에 건물은 남쪽에 위치한 프로쿠라티에 누오베(Nuove)와 중앙에 위치한 프로쿠라티에 누오비시메(Nuovissime)가 연결된 복합 문화 상업 시설
- 건축가 데이비드 치퍼필드가 2017년부터 2022년까지 도시 재생 목적의 복합 문화 상업 시설로, 건물에 담긴 베네치아의 역사와 문화를 섬세하게 고려한 리노베이션을 진행함
- 현재 이탈리아 보험회사 제라르디 인수라체(Gerardi Insurance)에서 건물의 대부분을 점유하고 있음
- 주요 제원

구분	내용
위치	P.za San Marco, 105, 30124 Venezia VE, Italy
규모	약 11,890m²
건축가	David Chipperfield
추진 일정	2017~2022년
용도	전시회 진행 및 건축물 내부 관람
특징	- 프로쿠라티에라는 이름은 원래 성 마르코 검찰관의 집과 사무실로 사용되었던 데서 유래 - 1832년부터 1989까지 제라르디 인수란체의 본부였으며 제네랄리는 건축가 데이비드 치퍼필드에게 의뢰하여 5년간의 개조 공사를 마친 후 2022년에 프로쿠라티에 베키에를 대중에게 공개함

2. 주요 내용

- 프로쿠라티에 베키에에서 시작하여 건물의 거의 전체를 인수한 회사인 제라르디는 복원 프로젝트를 통해 전시회와 이벤트를 개최하여 프로쿠라티에 베키에를 도시 생활의 일부로서 활동, 혁신 및 사회적 목적의 장소로 정체성을 확립하는 데 지원하고자 함
- 약 5년간의 복원 및 개조 작업을 통해 공공 열람실, 전시 및 이벤트 공간, 산 마르코 대성당과 종탑을 바라보는 테라스와 함께 건물의 원래 목재 기둥을 유지하는 카페가 추가적으로 건설됨
- 수년 동안 버려졌던 대운하 제방에 있는 정원은 프로쿠라티에 베키에 프로젝트의 일환으로 복원되어 산 마르코 광장과 나폴레옹 시대 왕립 정원 사이를 연결하는 공공 공원으로 전환

- 이 프로젝트는 단순히 건물을 개조하는 것이 아닌 역사적인 의미를 보존해야 했기 때문에 현장 작업이 변해 가는 상황에 따라 적절한 대응을 지속적으로 제시하면서 진행했는데 특히 건물에 사용된 각각의 소재들에 대해서 최대한 훼손하지 않는 개별적인 개조 방법을 활용한 것이 특징
- 1층과 2층에는 역사적인 베네치아 테라조 바닥, 천장, 회반죽, 프레스코화의 일부가 드러나도록 설계되었고 3층에서는 벽돌담이 드러나 500년에 걸친 변화의 흔적을 확인할 수 있음

3. 주요 시설

구분	내용
전시 공간	- 3층에 위치한 전시 공간에서는 '잠재력의 세계(A World of Potential)' 전시회를 관람할 수 있음 - 이 전시회는 방문객에게 자신의 성격 강점을 탐구함으로써 개인의 잠재력을 이해하고 연결할 수 있는 몰입형 대화형 경험을 제공하는 동시에 주변 사람들의 최고의 자질을 볼 수 있도록 하는 대화 형태의 전시 방식이 특징임
인터랙티브 스테이션	- 3층 전시 공간 말미에 위치 - 자신과 같은 강점을 공유하는 휴먼 세이프티 넷(Human Safety Net)의 주인공을 만날 수 있음 - 휴먼 세이프티 넷에서 운영하는 활동에 대해 알 수 있음
아트 스튜디오	- 전시 공간 중 가장 넓은 개방형 공간 - 초청된 예술가들이 휴먼 세이프티 넷의 작품을 둘러싼 주제를 해석한 작품과 상설 전시 '잠재력의 세계'에서 표현되는 가치와 강점에 관한 전시가 진행됨
카페 및 도서관	- 과거 건물의 인테리어 일부를 유지하고 있는 카페는 관광객, 주민, 자원봉사자들이 휴식을 취하고 친목을 도모할 수 있는 공간 - BSF(Bibliotheques Sans Frontieres)에서 큐레이팅한 다양한 도서가 구비되어 있는 도서관도 있음 ※ BSF: 2007년 파리에서 설립된 협회로 도서 기증을 장려하고 도서관, 학교, 대학의 자금 지원 등의 취약 계층의 문화, 교육 및 정보에 대한 접근성을 높이기 위한 활동을 주로 함

• 프로쿠라티에 베키에 내부

• 프로쿠라티에 베키에 인터랙티브 스테이션

6. 네고치오 올리베티

세계적인 타자기 회사 올리베티의 쇼룸 디스플레이 공간

1. 프로젝트

- Negozio Olivetti. 산 마르코 광장 프로쿠라티에 베키에 입구와 소토포르테 고 델 카발레토(Sotoportego del Cavalletto) 아래 모퉁이에 위치한 세계적인 타자기 회사의 플래그십 스토어로서 16세기에 지어진 역사적인 건물을 현대적 상업 디스플레이 공간으로 재생한 사례
- 최초 복원은 1957년 아드리아노 올리베티가 베네치아의 건축가 카를로 스카르파가에게 의뢰해 설계했고 상업 디스플레이 공간으로 재생하여 브랜드 이미지를 강화한 사례임
- 2차 복원 작업은 2009년부터 2011년까지 진행되어 올리베티 제품 컬렉션 디스플레이 전시 공간이 새롭게 오픈됨

• 네고치오 올리베티의 계단

■ 주요 제원

구분	내용
위치	P.za San Marco, 101, 30124 Venezia VE, Italy
시행면적	메자닌 공간: 깊이 21m, 너비 5m, 높이 4m
층고	2층
건축가	카를로 스카르파
추진 일정	1957~1958년(2차 복원 작업: 2009~2011년)
용도	올리베티 제품 전시 및 플래그 스토어
특징	- 역사적인 건물에 현대 브랜드 이미지가 결합된 플래그 스토어로 현재는 실제 제품을 전시할 뿐만 아니라 건물 자체만으로도 역사적인 가치는 물론 건축학적인 가치를 가지고 있음 - 재료, 질감, 색상, 인테리어, 구조 등 건축가 카를로 스카르파의 섬세하고 심미적인 해석과 이해를 바탕으로 설계되었고 세련되고 우아한 분위기가 특징 - 인테리어의 사용자 친화성과 관련된 스카르파의 관심은 올리베티의 기계 설계에 대한 인체공학적 접근 방식과 중요한 공통점이라고 할 수 있음

2. 주요 내용

- 건축가 스카르파는 재료 선택에 큰 관심을 기울여 형식적인 세련미를 갖춘 프로젝트를 준비했으며 세련되고 절충적인 건축 스타일을 개발하기 위해 다양한 요소를 함께 혼합했음. 그 결과 세련되면서 우아한 분위기를 연출하는 데 성공함

- 산 마르코 광장에 인접한 작은 입구 공간과 전시 공간 및 서비스를 이용할 수 있는 직사각형 방으로 이어지는 복도를 포함하고 있으며 측면의 형태를 고스란히 드러낸 계단의 경우 아래층 절반 크기의 방과 연결되어 있음

- 아래층 방 입구와 계단 사이에 흰색 대리석 슬라브로 만든 매우 우아한 장식용 분수가 있으며, 올리베티 로고가 새겨진 구리 장식이 있어 우아한 분위기를 연출하며 검은 대리석으로 만들어져 알베르토 비아니(Alberto Viani)의 조각품이 설치된 직사각형 욕조는 건물의 세련미를 한층 더해 주는 역할을 함

- 모든 객실은 대리석과 무라노 유리의 조합으로 바닥을 디자인했으며 부드러운 흰색 석재 마감재와 함께 건물 내 다양한 곳에 위치함

7. 푼타 델라 도가나

오래된 세관 건물을 복원한 현대 미술관

1. 프로젝트 개요

■ Punta della dogana. 15세기 초부터 정박 및 임시 세관 건물로 사용되다가 1677년 세관 건물로 탈바꿈한 뒤 현대 미술관으로 재생된 사례로 팔라초 그라시 궁전(Palazzo grassi)과 함께 베네치아 피노 컬렉션(Pinault ollection)의 현대 미술관

■ 2007년부터 2009년까지 안도 다다오(安藤忠雄, Ando Tadao)에 의해 복원 작업이 진행되었고 프랑스 억만장자이자 미술품 수집가인 프랑수아 피노(François Pinault)가 자금을 지원함

■ 주요 제원

구분	내용
위치	Dorsoduro 2, Venice
완공	2009년 6월 6일
공사 비용	2,000만 유로(약 2,100만 달러)
용도	피노 컬렉션 전시 및 미술 전시회
특징	- 17세기 세관 건물을 탈바꿈하여 현대 미술과 역사적 건축물의 결합을 보여 주고 넓은 전시 공간을 통해 기념비적이고 다양한 전시회를 진행함 - 피노 컬렉션이 약 2,500점에 달하며 현재도 현대 미술관으로서 꾸준히 성장하고 있음

• 푼타 델라 도가나의 외부*

2. 역사

- 15세기: 성 근처에 있던 세관은 아르세날 란드 쿠스톰스(Arsenal Land Customs)와 쿠스톰스 마르(Customs Mar)로 나누어짐. 그들은 바다로 들어오는 물품을 효율적으로 관리하기 위해 푼타 델 살레(Punta del Sale)라고 불리는 도르소두로(Dorsoduro)섬 끝에 있는 푼타 델라 도가나(Punta della Dogana)로 옮기기로 결정
- 1677년: 주세페 베노니(Giuseppe Benoni)에게 푼타 델라 도가나의 재건을 의뢰하여 섬 끝에 탑을 세우고 그 위에는 바람의 방향을 알려줄 뿐만 아니라 행운을 상징하는 베르나르도 팔코네의 동상을 세움
- 18~19세기: 1835년에서 1838년 사이에 오스트리아인 건축가 알피제 피가치니(Alvise Pigazzi)에 의해 다양한 변형과 복원을 거침

■ 푼타 델라 도가나는 1980년대에 폐쇄된 후 현대 미술 센터로 탈바꿈하기 위한 공모전을 시작할 때까지 황폐한 상태였으나 2007년 피노 컬렉션과의 계약 체결 이후 일본 건축가 안도 다다오에게 프로젝트를 맡기기로 결정

■ 안도 다다오는 원래의 구조와 외관을 그대로 유지해 달라는 요청을 받아 이전 복원의 모든 흔적을 제거하고 거칠게 깎은 벽돌 벽을 노출하고 원래의 광대한 목재 천장 기둥이 있는 일련의 긴 직사각형 방으로 재설계함

 - 그중에서도 건물 중앙에 일광으로 가득 찬 철근 콘크리트로 만들어진 상자 모양의 공간은 1층에 있는 콘크리트 통로에서 내려다볼 수 있으며 이는 베네치아 곳곳에 위치한 다리를 연상시키는 것이 특징

 - 안도 다다오의 트레이드마크인 미니멀리스트 브러시 콘크리트를 사용하여 많은 바닥, 계단 및 교묘하게 위치한 광택 있는 칸막이 벽 등을 독자적으로 섬세하게 디자인함

• 푼타 델라 도가나 내부 1층

• 푼타 델라 도가나 큐브룸

8. 페기 구겐하임 미술관

세계 최고 예술 후원자의 생가를 개조한 미술관

1. 프로젝트 개요

- Peggy Guggenheim Collection. 베네치아 도르소두 로 세스티에레의 대운하에 있는 미술관으로 베네치아에서 가장 많이 방문하는 명소 중 하나로서 페기 구겐하임의 개인 소장품을 계절에 따라 대중에게 전시하기 시작한 것에서 유래함

- 1980년 페기 구겐하임 사후 솔로몬 R. 구겐하임 재단은 컬렉션 및 박물관을 관리하며 뉴욕, 빌바오, 아부다비에서 같은 이름의 박물관을 운영하고 있으며 컬렉션에는 파블로 피카소(Pablo Picasso), 잭슨 폴록(Jackson Pollock) 등의 작품이 포함되어 있음

  ※ 솔로몬 R. 구겐하임 재단(Solomon R. Guggenheim Foundation)은 전시회, 교육 프로그램 등을 통해 현대 미술에 대한 이해와 감상을 증진하고자 1937년 설립됨

- 30년 동안 페기 구겐하임의 집이었던 궁전과 정원을 재단이 1979년부터 개조함. 갤러리 공간을 확장하기 위해 메인 층에 있는 모든 방을 갤러리로 만들고 건축가 조르지오는 바르케사라고 불리는 돌출된 아케이드 건물을 재건축함

• 대운하에서 바라본 페기 구겐하임 미술관*

▣ 주요 제원

구분	내용
위치	Palazzo Venier dei Leoni Dorsoduro 701 I-30123 Venice
관리자	캐롤 베일(Karole Vail)
전시 면적	약 4,000m²
층고	지상 1층
용도	페기 구겐하임의 컬렉션 전시 및 다양한 주제의 전시회 진행
특징	- 페기 구겐하임이 생전에 거주하던 집을 개조하여 기부된 컬렉션을 재단 관리하에 전시 - 베네치아에서 가장 유명한 미술 박물관 중 하나이며 2022년 방문객 수가 총 38만 1,000명에 달함

2. 특징

■ 페기 구겐하임(Peggy Guggenheim, 1898.8.26.~1979.12.23.)

- 뉴욕의 부유한 구겐하임 가문에서 태어나 1938년부터 1946년까지 유럽과 미국에서 미술품을 수집했고 1949년에 베네치아에 정착하여 자신의 컬렉션을 평생 동안 전시함

- 미술품을 단순히 수집하는 데서 그치지 않고 자신만의 갤러리를 만들고 전시회를 진행해서 미술계에 큰 영향을 미친 인물 중 하나. 특히 독일 나치에 의해 생계가 어려워졌던 예술가들을 보호하고 지원함

- 1948년 베네치아 비엔날레(1948년 6월 6일~9월 30일)에 페기 구겐하임이 참여하여 20년 간의 독재 정권 이후 이탈리아에서 종합적인 현대 미술 컬렉션을 최초로 전시했을 뿐만 아니라, 제2차 세계 대전이 끝나고 뉴욕에서 베네치아로 이주한 페기의 유럽 컬렉션이 유럽에서 처음으로 전시됨

■ 전시된 작품의 대부분은 구겐 하임이 평생 동안 수집한 것으로 컬렉션에는 입체파, 초현실주의, 추상표현주의와 같은 장르에서 활동하는 저명한 이탈리아 퓨처리스트, 미국 모더니스트들의 작품과 더불어 조각 작품 등이 포함되어 있음

■ 건축물 곳곳에 반영된 깔끔한 선은 유려한 라인과 따뜻한 색상이 결합된 바닥에서 독특한 인상을 주는 것은 물론 구겐 하임이 실제로 생활해 오던 개인 주택의 느낌을 여전히 유지하면서 아늑하고 친밀한 분위기가 특징적임

■ 2017년에는 37년간 박물관을 이끌었던 필립 라이랜즈(Philip Rylands)의 뒤를 이어 페기 구겐하임의 손녀인 캐롤 베일이 컬렉션 디렉터로 임명됨

• 페기 구겐하임 컬렉션 내부

출처: www.guggenheim-venice.it

• 페기 구겐하임 컬렉션의 작품

출처: www.guggenheim-venice.it

9. 폰다치오네 프라다
예술과 문화를 전담하는 프라다 재단의 전시 공간

1. 프로젝트 개요

- Fondazione Prada. 팔라초 코르네르 델라 레지나(Palazzo Corner della Regina)는 이탈리아 베네치아 시의 세스티에레 산타 크로체(Sestiere Santa Croce)에 있는 바로크 양식의 궁전으로 현재 베네치아 비엔날레 현대 미술 전시회의 역사 기록 보관소와 폰다치오네 프라다 전시 공간이 있음
- 폰다치오네 프라다는 프라다의 창립자인 파트리치오 프라다와 그의 아내 미우치아 프라다의 이니셔티브에 의해 설립되었으며 프라다의 예술적 및 문화적 비전을 실현하는 공간으로서, 현대 예술과 문화를 촉진하고 선보이는 데 중요한 역할을 함
- 2011년 6월부터 수많은 임시 전시회를 기획한 프라다 재단의 본거지였으며 프라다 재단의 지원을 받아 복원 작업이 시작되었고 2014년 '아트 오어 사운드(Art or Sound)' 전시회를 계기로 건물의 모든 층이 다시 대중들에게 공개됨

• 폰다치오네 프라다가 있는 팔라초 코르네르 델라 레지나의 외관

출처: myartguides.com

■ 주요 제원

구분	내용
위치	Calle Corner, 2215, 30135 Venezia VE, Italy
소유자	프라다 재단
층고	지상 3층(메자닌 층 포함)
용도	베네치아 현대 미술 전시회의 역사 기록 보관소 및 폰다치오네 프라다 전시 공간
특징	- 1993년 미우치아 프라다(Miuccia Prada)와 파트리치오 베르텔리(Patrizio Bertelli)가 설립한 현대 문화 전문 기관인 폰다치오네 프라다의 베네치아 건물 - 1724년에 지어진 이 역사적인 바로크 양식의 궁전은 2011년 폰다치오네 프라다가 예술가 및 문화 기관과 협력하여 조직한 중요한 국제 전시회를 개최하기 위해 대중에게 다시 공개함

2. 특징

- 폰다치오네 프라다 베네치아는 전시 외에도 다양한 문화 이벤트 개최와 더불어 워크숍, 특별 전시, 영화 상영회 등을 통해 예술과 문화를 지원 및 홍보함
- 베네치아 및 석호 건축 및 조경 유산 감독관의 지시에 따라 2010년 말부터 프라다 재단이 추진한 카 코르너 델라 레지나(Ca' Corner della Regina)의 복원 작업 시행
  - 첫 번째 작업에는 예술적, 건축적 가치의 표면을 보호하기 위한 작업과 식물 부분에 대한 조사, 목재 창문 유지 관리 및 사무실 및 서비스용 공간 복구가 포함됐으며 장식 구조와 관련하여 포르테고와 궁전의 귀족 1층에 있는 8개의 방을 장식하는 프레스코화, 치장 벽토 및 석재는 안전하게 보호함
  - 이후 메자닌 표면을 통합하고 고정하는 작업이 수행되었으며, 2019년에는 복원 작업을 통해 중앙 방에 숨겨져 있던 프레스코화가 공개되었음. 2층 메인 층에서는 벽과 치장 벽토, 옆방의 마모리노 장식을 포함하는 복구 프로젝트가 시행됨

• 폰다치오네 프라다의 내부

출처: www.fondazioneprada.org

• 폰다치오네 프라다의 메자닌 층으로 이어진 대칭형 계단

출처: www.fondazioneprada.org

10. 폰다치오네 조르조 치니

사회 및 문화 분야 지원을 위한 복합 문화 재단

1. 프로젝트 개요

- Fondazione Giorgio Cini. 1951년 4월 20일 비행기 사고로 사망한 아들 조르조 치니(Giorgio Cini)를 기리기 위해 설립된 재단. 산 조르조 마조레섬의 기념비적인 단지의 복원을 촉진하고 해당 영토, 사회, 문화 분야에서 교육 기관의 설립 및 발전을 장려하는 것을 목적으로 하는 예술 및 문화 센터
- 문화 센터가 위치한 산 조르조 마조레섬은 실제로 거의 150년 동안의 군사 점령으로 인해 심각하게 훼손되었으나 조르조 치니 재단이 수행한 복원 및 매립 작업을 통해 문화 활동의 국제 중심지로 탈바꿈
- 현재 이곳에는 약 1만 5,000권의 역사 도서관, 원고 보관소, 역사, 음악, 연극, 예술에 관한 문서 컬렉션이 소장되어 있음. 전시회, 콘서트, 회의 등이 열리는 장소이기도 하며 1980년과 1987년 G7 회의의 만남의 장소로 사용되기도 함

• 폰다치오네 조르조 치니 외부 전경

2. 주요 시설

구분	내용
연구소	- 재단 창립 이래 미술사연구소, 유리 연구센터 등의 연구소와 센터로 구분되어 운영하며 연구 분야에 대한 아낌 없는 지원을 해 오고 있음
도서관	- 도서관 단지의 핵심은 조반니 부오라(Giovanni Buora)가 디자인한 베네딕도회 신부들의 고대 기숙사인 누오바 마니카 룬가(Nuova Manica Lunga)이며 이 건물은 가장 현대적인 국제 도서관 표준에 따라 고안된 문화 및 기록을 위한 공간임 - 베네치아의 역사, 문학, 음악, 연극, 멜로 드라마, 베네치아와 동양의 관계, 비교 종교와 문명에 관한 컬렉션이 포함되어 있음 - 실제로 이 도서관은 15만 권이 넘는 장서와 약 800종의 신문을 보유하고 있으며 그중 200종 이상이 현재 발행되고 있고 이탈리아 기관에 속한 미술사 전문 도서관 중 가장 풍부한 전문 도서관 중 하나임

구분	내용
문명 연구 국제 센터	- 이탈리아 문명 연구를 위한 국제 센터는 유명한 이탈리아인이자 조르조 치니 재단의 　역사적인 사무총장 비토레 브란카(Vittore Branca)의 이름을 따서 명명함 - '비토레 브란카(Vittore Branca)' 센터는 조르조 치니 재단이 이끄는 인문학 연구 센터
기타	- 보르헤스 미로: 조르조 치니 재단이 푼다촌 인테르나초날 호르헤 루이스 보르헤스 　(Fundación Internacional Jorge Luis Borges)와 협력하여 페드로 메멜스도르프(Pedro 　Memelsdorff)의 제안에 따라 만들어졌으며 아르헨티나 작가가 사망한 지 25년 후인 　2011년 6월 14일에 개장됨 - 이외에도 전시회, 티치아노의 성 조지(1511) 작품 등이 있음

• 폰다치오네 조르조 치니의 도서관 내부

출처: www.michelangelofoundation.org

8

베네치아의 주요 명소

1. 리알토 다리

베네치아의 역사를 대변하는 가장 오래된 대리석 다리

- Ponte di Rialto. 베네치아 대운하를 가로지르며 산 마르코와 산 폴로 행정구역을 연결하고 4개의 다리 중 가장 오래된 다리이며 1173년 부교로 처음 건설된 이후 여러 번 재건축되었고 현재는 베네치아의 중요한 상징이자 관광 명소가 됨

- 동부 제방에 있는 리알토 시장의 발전과 중요성으로 인해 부교의 교통량이 증가하여 1255년에 목조 다리로 대체되었고 이 구조물에는 이동 가능한 중앙 부분에서 만나는 두 개의 경사로가 있으며 키가 큰 선박이 통과할 수 있도록 설계됨

- 화재로 소실된 후 1588년부터 1591년까지 안토니오 다 폰테(Antonio da Ponte)의 감독하에 현재의 형태인 아치형 석조로 재건설되었으며 대운하의 도시인 베네치아의 아름다운 풍경과 베네치아의 본질을 반영하는 역사까지 느낄 수 있는 것이 특징

- 다리 근처에는 리알토 시장, 리알토 거리 등이 위치하여 베네치아의 고유한 매력을 보여 줄 수 있고 도시의 특성을 한눈에 보여 주는 도시의 중심지라고 할 수 있으며 베네치아에 방문한다면 반드시 방문해야 하는 주요 명소 중 하나임

• 베네치아 리알토 다리

• 리알토 시장

출처: mightymac.org

• 리알토 다리 주변 거리

2. 산 마르코 광장

베네치아의 랜드마크, 정치적·종교적 중심 광장

1. 개요

- Piazza San Marco. 베네치아의 중심이자 베네치아 사람들이 가장 아끼고 사랑하는 광장
- 다른 광장과 구분하기 위해 오직 산 마르코 광장에만 '피아차(Piazza)'라는 단어를 허락했고 나폴레옹이 세상에서 가장 아름다운 응접실이라고 칭하기도 함
- 베네치아의 관문인 2개의 거대한 기둥을 통과해 두칼레 궁전을 오른쪽에 끼고 산 마르코 소광장을 지나면 긴 대종루와 함께 산 마르코 광장이 눈에 들어옴
- 해상 무역 공화국으로서 전성기를 누리던 시절, 행진과 축제, 예식이 거행되었고, 행사가 없는 날에는 산 마르코 광장 앞에 위치한 대운하의 선착장을 통해 입항하고 출항하는 외국인과 베네치아 상인으로 가득 참
- 대리석 회랑과 산 마르코 대성당이 조화를 이루어 화려하게 꾸민 야외 연회장과 같은 것이 특징임

2. 주요 시설

구분	내용
코마파닐레 디 산 마르코 (Comapaniledi San Marco) 종탑	- 높이 96m의 종탑이며 베네치아에서 가장 높은 건물 중 하나 - 대운하 입구 근처 산 마르코 광장 에 위치한 종탑은 처음에는 접근하는 선박을 감시하고 도시로의 진입을 보호하기 위한 망루로 사용되었으나 베네치아 선박을 항구로 안전하게 안내하는 랜드마크 역할도 함 - 10세기 초 이 자리에 있던 종탑을 허물고 1514년에 다시 세웠으나 1902년 재해로 부서져 지금의 것은 1912년 다시 세워짐
바실리카 디 산 마르코(Basilica di San Marco) 성당	- 베네치아에서 가장 중요한 종교적 건축물 중 하나로 베네치아 공화국의 수호자인 성 마르코의 유해가 안치된 곳으로 유명함 - 동방과 서방 문화가 결합된 독특한 건축 양식을 가지고 있으며 화려한 황금 장식과 모자이크로 장식된 내부가 특징적임 - 동방 상인들이 세계 각지에서 가져온 보석, 동상, 그림, 금속 조각 등으로 장식되어 있음
총독의 궁전 (Doge's Palace)	- 베네치아의 아름다운 도시 풍경을 장식하는 중요한 건물 중 하나로 궁전 내부에는 예술 작품과 고귀한 장식품들이 가득하며 베네치아의 역사와 문화를 경험할 수 있는 곳으로 유명함
기타	- 광장 주변에 도서관, 카페, 레스토랑 등이 있어 관광객들이 즐거운 시간을 보낼 수 있는 것은 물론 도서관의 경우 수많은 소장품과 문서가 보관되어 있음

• 산 마르코 광장

산 마르코 광장의 종탑

3. 총독의 궁전

과거 베네치아 공화국의 총독 관저, 현재 아름다운 박물관

1. 개요

- Palazzo Ducale. 약 1,000년에 걸쳐 과거 베네치아 공화국 최고 권위자였던 베네치아 120명의 총독이 거주하던 곳이었으며 현재 베네치아의 주요 명소로 손꼽힘
- 산 마르코 광장에 1340년 처음 건설된 이후 수세기에 걸쳐 확장되고 개조되었으며 1923년 박물관으로 탈바꿈되었고 베네치아 시민 박물관 재단(Fondazione Musei Civici di Venezia)에서 운영하는 11개 박물관 중 하나
- 비잔틴, 고딕, 르네상스 등 다양한 건축 양식을 결합한 것으로 티치아노, 틴토레토, 벨리니 등 유명한 이탈리아 예술가들의 그림이 전시되어 있음
- 궁전 내부로 들어서면 스칼라 도로(Scala d'Oro)라고 불리는 2층으로 이어지는 인상적인 황금 계단이 위치하고 내부 시설로는 총독의 아파트, 안뜰, 기관실, 무기고 및 감옥 등이 있음

• 총독의 궁전 외부 모습*

2. 주요 시설

구분	내용
총독의 아파트	- 도시의 역사를 묘사한 베로네제(Veronese), 티치아노(Tiziano), 틴토레토(Tintoretto)의 예술작품으로 장식됨
대평의회 홀	- 과거 1,000명이 넘는 사람들이 세레니시마의 미래를 결정하는 투표를 하기 위해 모인 홀 - 티치아노의 그림〈파라다이스(Paradise)〉로 장식됨
무기고	- 과거 화재로 소실된 이후 1172년에서 1178년 동안 재건되었는데 이때 교회와 감옥으로 사용됨 - 다양한 무기가 소장되어 있는 것은 물론 감옥으로 이용되던 당시 죄수들의 감방을 볼 수 있음

• 총독의 궁전 내부 모습

4. 탄식의 다리
궁전과 감옥을 연결해서 만든 다리

▣ Ponte dei Sospiri. 리알토 다리의 설계자와 친척인 안토니오 콘틴(Antonio Contin)이 17세기에 설계한 다리로 흰색 석회암으로 만들어졌음. 긴 막대 부분이 있는 창문이 위치하고 리디 팔라초(Ri di Palazzo)를 지나며 프리조니 누오베(Prigioni Nuove)와 총독의 궁전 심문실을 연결하는 다리임

※ 안토니오 콘틴은 이탈리아계 스위스 건축가이자 조각가

▣ 수감자들이 투옥되기 전 마지막으로 보는 베네치아의 풍경이었기 때문에 탄식의 다리라고 불렸으며 현재 베네치아를 대표하는 주요 명소 중 하나임

▣ 운하를 가로지르는 아름다운 디자인과 세련된 분위기 덕분에 약혼자가 청혼을 하는 낭만적인 장소로 유명해졌으나 유죄 판결을 받은 사람의 탄식으로부터 유래된 이 다리는 베네치아의 신비로운 분위기를 잘 보여 주는 명소라고 할 수 있음

• 탄식의 다리*

5. 아카데미아 미술관

1. 개요

- ▣ Gallerie dell'Accademia. 1750년 미술교육을 받기 위해 미술 아카데미로 건립되었으며 베네치아 공화국이 이탈리아로 편입될 때 관공서와 종교기관이 폐쇄되면서 그곳에 있었던 14세기부터 18세기 미술품들을 옮겨 오면서 미술관으로 용도가 변경됨
- ▣ 비잔틴에서 르네상스, 바로크, 로코코에 이르기까지 800점 이상의 위대한 미술품들을 보유하고 있는 세계 최고의 미술관 중 하나임
- ▣ 빛과 색채를 중시하는 베네치아 학파인 벨리니, 틴토레토, 티치아노 및 조르조네 등 유명한 화가들의 작품이 전시되어 있음
- ▣ 주요 작품으로는 틴토레토의 〈노예의 기적〉, 티치아노의 〈피에타〉 등이 있음

• 아카데미아 미술관의 외부

출처: universes.art

2. 역사

- ▣ 15세기
- 베네치아의 부유한 상인의 아들인 교황 에우제니오 4세(1431~1447년)의 지원 덕분에 수도원의 수입이 늘어나 건물을 증축함
- 5세기 중반 바르톨로메오 본(Bartolomeo Bon)의 지시에 따라 교회는 후기 고딕 양식의 벽돌로 재건함
- ▣ 18세기
- 아카데미아 미술관으로 사용되는 스쿠올라 그란데 델라 카리타(Scuola Grande della Carità)는 1760년경 건축가 조르조 마사리(Giorgio Massari)가 설계했으며 그의 제자인 베르나르디노 마카루치(Bernardino Maccaruzzi)가 리모델링하여 예술적 공간으로 변모함
- ▣ 1750 - 최초의 예술 아카데미
- 1750년 9월 24일, 베네치아 상원은 베네치아 회화, 조각 및 건축 아카데미 (Veneta Accademia di Pittura, Scultura e Architettura)를 설립함
- ▣ 1797 - 베네치아 공화국의 종말
- 1,100년간 번성한 베네치아 공화국은 나폴레옹의 베네치아 점령으로 공화국 시대가 끝나고, 나폴레옹이 정치적 협상을 위해 오스트리아에 베네치아를 양도하여 1798년부터 1805년 사이에 오스트리아가 일시적으로 베네치아를 통치함
- 베네치아가 이탈리아 나폴레옹 왕국에 합병된 후(1805~1814년) 수많은 예술 작품이 궁전과 교회에서 압수되었고 그들 중 다수는 파리와 밀라노(이탈리아 왕국의 수도)로 이송됨
- ▣ 1817년: 아카데미아 미술관이 처음으로 대중에게 공개되었고 19세기에는 개인 소유의 다양한 귀중한 기부금과 구매품이 추가되어 세계 최대 규모의 베네치아 예술 걸작 컬렉션을 구성함
- ▣ 20세기 근대화

- 제2차 세계대전 직후에도 최신 박물관학적 기준에 따라 근대화가 계속되었고 1945년에서 1959년 사이에 유명한 베네치아 건축가 카를로 스카르파는 비토리오 모스키니(Vittorio Moschini)의 지시에 따라 건물 단지 내부의 일부를 재설계함
- 카를로 스카르파의 아들인 토비아 스카르파(Tobia Scarpa)의 수년간의 작업 끝에 2013년 12월에 새 건물이 대중에게 공개됨
- 아카데미아 미술관의 면적은 6,000m²에서 1만 2,000m²로 두 배로 늘었고 30개의 새로운 전시실이 추가되었고 약 1,200m²에 달하는 대국민 서비스 공간과 리셉션 및 보안 직원을 위한 공간이 마련됨

• 아카데미아 미술관 내부

• 아카데미아 미술관 외부에 위치한 다리

▣ 주요 작품

• 틴토레토, 〈노예의 기적〉, 1548*

• 티치아노, 〈피에타〉, 1575~1576*

• 지오반니 벨리니, 〈붉은 케루빔의 마돈나〉, 1485*

3. 베네치아 르네상스 화가

■ 베네치아는 르네상스 시대부터 바로크 시대에 걸쳐 많은 화가들을 배출했
으며 베네치아 화가들만의 독특한 색채 사용과 빛의 표현 그리고 풍부한 감
성을 작품에 담아 내던 것이 특징임

■ 베네치아의 고립된 지리적 위치로 인해 다른 도시 국가들로부터 문화적, 경제적, 정치적 요인의 영향을 받지 않았기에 베네치아의 예술가들은 여유롭게 예술의 즐거움을 탐색할 수 있었고 덕분에 르네상스 시대의 베네치아 화가들은 당시 동시대 사람들에게 영감을 주었을 뿐만 아니라 19세기까지 계속해서 예술가들에게 영감을 줌

■ 베네치아가 강력한 해상 제국으로서 15세기 후반과 16세기 초반 정치적 안정과 번영을 누리게 되면서 문화적 번영 또한 동시에 누리게 되었는데 이때 베네치아 르네상스는 고유한 예술적 방식을 만들었고 유명한 화가들이 베네치아에서 활동하면서 색채의 사용과 조명의 활용에 대한 새로운 기법이 개발되어 르네상스 예술의 특징으로 남게 됨

4. 인물 개요

구분	내용
 • 젠틸레 벨리니의 자화상 출처: artincontext.org 젠틸레 벨리니 (Gentile Bellini, 1429~1507년)	- 베네치아의 가장 뛰어난 옛 거장 중 한 명으로 도시의 풍경화뿐만 아니라 총독과 기타 유명 인사들의 베네치아 르네상스 초상화로 유명 - 베네치아와 이탈리아 외교 사절단의 공식 화가로 활동 - 아버지인 자코포 벨리니는 베네치아 학파의 창시자 중 한 명으로 평가 받고 형제인 조반니 벨리니는 르세상스 화파의 핵심 인물 중 하나임 [대표 작품] 〈산 마르코 광장의 행렬(Procession in St. Mark's Square)〉 〈알렉산드리아에서 설교하는 성 마가(St. Mark Preaching in Alexandria)〉 〈산 로렌초 다리의 십자가의 기적〉

구분	내용
 • 타치아노의 자화상* 티치아노 베첼리오 (Titiano Vecellio, 1488~1576년)	- 가장 영향력 있는 예술가 중 한 명으로 여겨짐 - 종교적인 주제, 풍경, 초상화 등 분야를 가리지 않고 다재다능한 화가로 유명 - 생생한 색상 사용과 극적인 구성은 니콜라 푸생(Nicolas Poussin)과 페테르 파울 루벤스(Peter Paul Rubens)와 같은 다음 세대의 유럽 예술가에게 영향을 줌 [대표 작품] 〈우르비노의 비너스(Venus of Urbino)〉 〈성모의 승천(Assumption of the Virgin)〉 〈바커스와 아리아드네(Bacchus and Ariadne)〉

• 틴토레토의 자화상*
야코포 틴토레토
(Jacopo Tintoretto
1519~1594년)
	- 16세기 베네치아 미술의 거장 3명 중 한 명
	- 개방적이고 회화적인 기법, 에너지, 서사적 주제, 특히 성경의 장면을 묘사하는
	  독특한 방식으로 돋보임
	- 캔버스 표면을 활용하고 활력을 불어넣으면서 대담한 윤곽을 강조하는 독특한
	  회화 기법은 은 엘 그레코 와 피터 폴 루벤스과 같은 낭만주의 시대의 프랑스
	  예술가와 현대 예술가에 이르기까지 다양한 예술들에게 영향을 미침
	- 종교적 주제를 다루는 뛰어난 예술가이자 기독교 미술 의 영원한 주제를 활기차고
	  열정적으로 묘사
	- 틴토레토만의 접근 방식은 상상력이 풍부하고 때로는 환각을 불러일으키기도
	  했지만 언제나 평범한 현실에 기초를 두었던 것이 특징
	
	[대표 작품]
	〈아솔라 공성전(The Siege of Asola)〉
	〈노예의 기적(Miracle of the Slave)〉
	〈베네치아로 옮겨진 성 마르코의 시신(St Mark's Body Brought to Venice)〉

• 조르조네의 자화상*
조르조네 바르바렐리
다 카스텔프랑코
(Giorgio Barbarelli
da Castelfranco
1477~1510년)
	- 베네치아 르네상스의 중요한 화가 중 하나로 알려져 있으며 신비한 분위기와
	  색채의 조화로 유명
	- 레오나르도 다 빈치가 피렌체에 명성을 안겨 주던 당시 조르조네라는 겸손한
	  베네치아 화가는 베네치아에서 활동
	- 지능적이고 적응력이 뛰어나며 당연히 세계적 수준의 예술가라는 점에서
	  벨리니를 능가했다는 평가를 받음
	- 조르조네는 어린 시절 디자인을 전공했으며 자연에 대한 탐구를 통해 자연의
	  아름다움에 대한 강렬한 감상을 키움
	- 기름이나 프레스코를 사용하여 매우 아름답고 공들여 만든 생명체의 형태를
	  창조하는 놀라운 회화 기법은 당시 수많은 찬사를 받음
	
	[대표 작품]
	〈로라(Laura)〉
	〈잠자는 비너스(Sleeping Venus)〉
	〈폭풍우(The Tempest)〉

• 벨리니, 〈산마르코 광장의 성십자가 행렬〉, 1496*

• 티치아노, 〈바커스와 아리아드네〉, 1520~1523*

• 틴토레토, 〈노예의 기적〉, 1548*

• 조르조네, 〈폭풍우〉, 1508*

6. 프라텔리 다 비오 어시장

베네치아에서 가장 오래된 어시장

- Pescheria Fratelli Da Vio. 리알토 시장(Mercato di Rialto, Rialto Market)은 700년 이상 지속된 재래 어시장 및 채소 시장으로 베네치아 주민의 삶을 가까이 볼 수 있는 시장이며 베네치아에서 가장 상징적인 랜드마크 중 하나인 리알토 다리 근처에 위치

- 신선한 해산물, 과일, 야채, 파스타와 각종 향신료를 판매하는 것으로 유명한데 시장은 두 구역으로 페셰리아(Peschiera)로 알려진 어시장과 에르베리아(Erberia)로 알려진 과일과 채소 시장으로 구분

- 특히 페셰리아는 지붕이 있는 회랑(아케이드, Arcade) 아래에 위치해 있으며 오징어, 조개, 새우, 농어, 정어리, 참치와 같은 다양한 생선을 포함한 신선한 해산물을 판매함

- 단순히 해산물 시장으로만 유명한 것이 아니라 베네치아 도시의 삶을 엿볼 수 있는 관광 명소로 인기를 끌고 있는 것이 특징임

- 유럽 전체에서 가장 오래되고 유명하며 가장 큰 수산 시장 중 하나이고 베네치아 전통 요리에서 생선의 역사와 사용에 대한 이야기를 엿볼 수 있음

• 프라텔리 다 비오 어시장 내부 모습

7. 그라시 궁전
베네치아 피노 컬렉션 현대 미술관

1. 개요

- Palazzo Grassi. 패션, 의류, 보석 산업을 주력으로 하는 프랑스 케링(Kering) 그룹의 설립자 프랑수아 피노(François Pinault)가 과거 세관 건물을 재생한 푼타 델라 도가나(Punta della dogana)와 함께 컬렉션한 그림들을 전시하는 현대 미술관

  ※ 케링 그룹은 구찌와 발렌시아가, 보테가 베네타 등의 명품 브랜드와 경매회사인 크리스티, 와이너리인 샤토 라투르 등을 보유한 회사로 루이비통과 함께 프랑스 대표 기업

- 18세기 중반 그라시 가문이 건축가 조르조 마사리(Giorgio Massari)에게 의뢰해 지어진 저택을 피노 컬렉션 측에서 매입해 안도 다다오의 설계로 2006년 4월 30일 개관

- 2012년부터 피노 컬렉션과 교차로 마를렌 뒤마, 앨버트 올렌 등 주요 현대 예술가들을 위한 개인전 및 모노그래픽 쇼를 진행

구분	내용
위치	Campo San Samuele 3231, 베네치아
전시 면적	약 5,000m²
층고	지상 3 층
준공	개보수 후 2006년 4월 30일 개관
용도	피노 컬렉션 및 한 작가를 집중적으로 다루는 작품들 전시
특징	베네치아 공화국이 무너지기 전 대운하에 세워진 마지막 귀족 궁전이자 베네치아 토목 건물

• 그라시 궁전 궁전

출처: www.tripadvisor.com

2. 역사

- 1840~1857년 사이: 그라시 일가의 건물 매각 및 바론 시모네 데 시나(Baron Simone De Sina) 매입
- 1910년: 바론 데 시나(Baron de Sina)의 상속인이 조반니 스투키(Giovanni Stucky)에게 건물 판매
- 1983년: 피아트의 구매 및 건물 가에 아울렌티(Gae Aulenti)의 개보수 작업 진행
- 2005년: 프랑수아 피노가 개인 소장품을 전시하기 위해 건물 매입
- 2005~2006년: 안도 다다오의 건물 개보수 진행
- 2006년~현재: 피노 컬렉션을 전시하고 정기적으로 선정된 예술 작가들의 작품을 일정 기간 동안 전시
- 2024년 03월 17일부터 '줄리 머레투. 앙상블(JULIE MEHRETU. ENSEMBLE)' 전시회 진행

8. 아바치아 디 산 조르조 마조레
베네치아를 한눈에 볼 수 있는 아름다운 성당

- Abbazia di San Giorgio Maggiore. 16세기 베네딕토회 교회로 안드레아 팔라디오(Andrea Palladio)가 설계하고 1566년에서 1610년 사이에 건축되었으며 고전적인 로마와 그리스 양식으로 현대적으로 해석하여 유럽 건축에 큰 영향을 끼침
- 르네상스 스타일과 빛나는 흰색 대리석으로 구성된 아름다운 외관은 산 마르코 광장 맞은 편 석호의 물 위에서 빛나고 이는 매우 기억에 남는 인상을 남기는 것이 특징
- 아름다운 건축물과 장식으로도 유명한데 대성당 3층에는 많은 예술 작품과 장식이 있으며 특히 틴토레토의 그림 '최후의 만찬'이 유명하며 탑에서는 베네치아의 전망을 감상할 수 있음
- 이탈리아 베네치아에 있는 역사적인 대성당인 동시에 도서관, 교육기관, 문화 센터로도 사용되고 있으며 예술과 건축을 즐기는 관광객들이라면 반드시 방문해야 하는 주요 명소 중 하나

• 아바치아 디 산 조르조 마조레의 외부 모습*

• 아바치아 디 산 조르조 마조레의 내부 모습

• 탑에서 바라본 베네치아의 전망

9. 스쿠올라 그란데 디 산 로코

베네치아 최고의 중세 화가 틴토레토 작품 중심의 미술관

- Scuola Grande di San Rocco. 현재까지 보존되어 있는 베네치아에 있는 중세시대의 중요한 건물 중 하나로 16세기에 건립되어 주로 의료 및 사회 복지 서비스를 제공하는 스쿠올라 디 산 로코(Scuola di San Rocco)의 본부로 사용되었으며 전염병에 맞서는 수호자로 널리 알려진 산 로코(San Rocco)의 이름을 따서 명명되었다고 전해짐

- 1515년 1월부터 건물의 설계가 시작되었으나 이 건물을 마지막으로 건축한 건축가는 잔자코모 데이 그리지(Giangiacomo dei Grigi)였으며 1560년 9월에 완공됨

- 1564년 유명한 이탈리아의 화가 틴토레토는 벽과 천장을 장식해 달라는 의뢰를 받았는데 이 의뢰를 완수하기까지 약 24년이 걸려 1588년에 장식을 완성했으며 이 덕분에 틴토레토의 작품이 아름답게 장식되어 있는 것이 특징

- 베네치아에서 가장 눈에 띄는 건물 중 하나라고 할 수 있는 2층 규모의 건물이지만 홀 3개, 큰 방 2개, 작은 방 1개만이 일반인에게 공개되고 있음

- 건립 이후 거의 변형되지 않은 건물에 60점의 그림 작품이 원래의 모습 그대로 보존되어 있는 독특한 미술관임

• 스쿠올라 그란데 디 산 로코의 외부*

• 틴토레토의 작품으로 장식된 스쿠올라 그란데 디 산 로코의 인테리어

출처: www.scuolagrandesanrocco.org

• 스쿠올라 그란데 디 산 로코의 내부*

10. 팔라초 프리울리 만프린

칸나레조 지역의 운하를 바라보는 바로크 양식의 궁전 미술관

- Palazzo Priuli Manfrin. 팔라초 프리울리 아 칸나레조(Palazzo Priuli a Cannaregio) 또는 팔라초 프리울리 만프린(Palazzo Priuli Manfrin)으로 알려진 팔라초 만프린 베니에르(Palazzo Manfrin Venier)는 이탈리아 베네치아 행정구역 칸나레조(Cannaregio)에 위치한 바로크 양식의 궁전

- 1520년에 지어진 궁전 벽에 있는 프리울리 가문의 문장 상징은 프리울리가 궁전의 원래 소유자였다는 것을 보여 주고 18세기에 안드레아 티랄리(Andrea Tirali)의 디자인을 사용하여 재건축이 추진

- 1787년에 부유한 담배 상인이었던 지롤라모 만프린(Girolamo Manfrin) 백작이 궁전을 매입했고 중앙 난간을 갖춘 신고전주의 양식으로 외관을 개조했으며 책, 예술품, 자연물 등을 수집했음

- 현재 문화 및 전시 센터로 이용되고 있으며 카푸어 재단(Kapoor Foundation)의 소재지이고 건축 회사 사카임(Sacaim)은 궁전의 역사적, 건축학적 특징을 보존하고 카푸어 재단의 새로운 자리로 만들기 위해 최고의 기술과 재료를 사용하여 전체 구조에 대한 복원 및 개조 작업을 진행

• 팔라초 프리울리 만프린 외부*

• 팔라초 프리울리 만프린 내부

출처: rde.it

11. 키에사 데이 산티 제레미아에 루차

성모 루시아가 안치된 아름다운 성당

■ Chiesa dei Santi Geremiae Lucia. 베네치아 행정구역 칸나레조에 위치하고 있으며 중세시대의 중요한 종교 건물로 여러 차례 재건축되었고 고대 건축 양식으로 유명한 현재의 형태는 1753년 카를로 코르벨리니(Carlo Corbellini) 가 설계함

※ 카를로 코르벨리니: 이탈리아의 신부이자 건축가

■ 내부에는 다양한 예술 작품과 시리쿠사의 동정녀이자 순교자인 성 루시아 의 유해가 위치하며 베네치아의 대표적인 화가인 파올로 베로네제(Paolo Veronese)의 작품이 전시되어 있음

■ 1805년 나폴레옹 칙령이 시행되면서 수녀원 공동체는 탄압당했고 새 기차 역 건설로 인해 1861년에서 1863년 사이에 교회와 수녀원이 철거되었는데 이때 이를 기억하기 위해서 역의 새로운 이름이 베네치아 산타루치아로 정 해지게 됨

■ 외부에는 종탑이 위치하고 있으며 이 종탑은 베네치아에서 가장 오래된 건 축물 중 하나이며 베네치아의 아름다운 경치를 감상할 수 있는 좋은 장소 중 하나임

• 키에사 데이 산티 제레미아에 루차의 외부*

• 키에사 데이 산티 제레미아에 루차의 내부*

12. 부라노섬

아름다운 무지개 마을과 레이스 가게들의 섬

- Chiesa dei Santi Geremiae Lucia. 이탈리아 북부 베네치아 석호에 있는 섬으로 석호 북쪽 끝에 있는 토르첼로 근처에 위치하고 레이스 장식과 마치 아름다운 무지개와 같은 밝은 색상의 주택으로 유명
- 16세기부터 섬의 여성들이 바늘로 만든 레이스를 수출하는 무역의 중요성이 커졌다고 전해지며 레이스 제작품들은 유럽 전역으로 수출되었지만 18세기부터 점차 무역이 쇠퇴하기 시작했고 1872년 레이스 제작 학교가 설립될 때까지 산업이 다시 부흥하지 못함
- 이후 관광 산업의 성장을 통해 섬에서 레이스 제작이 다시 활발해졌고 전통적인 방식은 시간이 많이 걸리고 비용이 많이 들기 때문에 현재는 대부분 숙련된 장인만이 전통적인 방식을 사용함
- 현재 부라노섬의 정교하고 아름다운 레이스는 중요한 문화적 유산 중 하나로 간주되며 이를 보존하고 전통을 이어 나가기 위해 다양한 노력들이 이루어지고 있음
- 세계에서 가장 다채로운 장소로 꼽히며 주택의 색상은 개발의 황금기부터 시작된 규정에 따라야 하는데 집 외부 색상을 다채롭게 변경하고자 할 경우 정부에 요청을 보낸 후 정부가 지정해 주는 특정 색상으로 변경해야 함
- 과거 다양한 색상의 집은 건물을 구분하는 데 유용했는데 고대의 전설에 따르면 어부들이 고기잡이를 하러 멀리 떨어져 있을 때 먼 거리에서도 집을 볼 수 있도록 집을 칠했다고 전해짐

- 마을의 중심은 마을의 유일한 광장인 발다사레 갈루피 광장(Piazza Baldassare Galuppi)이며 이외에도 레이스 박물관, 시청, 전체가 이스트리아 돌로 만들어진 우물, 레미조 바르바로(Remigio Barbaro)가 만든 발다사레 갈루피(Baldassare Galuppi) 동상도 광장에 위치함

- 기울어진 종탑과 잠바티스타 티에폴로(Giambattista Tiepolo)의 그림(《십자가 처형》, 1727)이 있는 산 마르티노 교회, 오라토리오 디 산타 바바라, 레이스 제작 학교 등이 있음

• 부라노섬 풍경

• 부라노섬 레이스 작품

출처: www.pilotguides.com

13. 무라노섬
세계적으로 유리공예 산업이 유명한 섬

- Murano. 베네치아의 북동쪽, 베네치아의 끝에서 약 1.5km 정도 떨어진 곳에 위치하며 약 5,000명의 주민이 거주하고 있고 이탈리아 전역에서도 최고의 유리 제조 기술을 보유하고 있는 것으로 유명함
- 역사적으로 처음에는 로마인들이 정착했으며 6세기부터는 알티눔(Altinum)과 오데르초(Oderzo) 사람들이 정착하여 처음에는 어선을 위한 항구와 소금 생산으로 번영을 누렸고 산테라스모(Sant'Erasmo)를 통제하는 항구를 통해 무역의 중심지이기도 했음
- 12세기부터 유리 제조업자들이 무라노섬으로 이주하기 시작하면서 무라노섬만의 유리구슬과 거울 등의 공예 제품들이 유명해졌고 15세기에는 베네치아인들의 휴양지로 자리 매김했으며 현재에도 아름다운 전통 이탈리아 양식의 건축물과 풍경을 감상할 수 있는 관광 명소로 유명
- 12세기 모자이크 포장 도로로 유명하고 4세기에 성 도나투스가 죽인 용의 뼈가 보관되어 있다고 전해지는 산 도나토 교회, 산 피에트로 마르티레 교회 등이 있으며 1506년에 지어진 발라린(Ballarin) 가문의 예배당과 조반니 벨리니(Giovanni Bellini)의 작품 그리고 팔라초 다 물라(Palazzo da Mula)가 대표적인 관광 명소임
- 무라노섬에서 생산한 다수의 유리 세공품이 있으며 일부는 중세풍이며 대중에게 가장 많이 공개되어 있고 팔라초 주스티니안(Palazzo Giustinian)에 위치한 무라노 유리 박물관도 있음

• 무라노섬의 풍경

14. 리도섬
베네치아 국제 영화제가 개최되는 섬

- Lido 섬. 이탈리아 북부 베네치아 석호에 있는 11km의 작은 섬으로 약 2만 400명의 주민이 거주하고 있고 세계적으로 유명한 베네치아 비엔날레의 일 환인 국제 영화제는 8월 말~9월 초에 개최됨
- 19세기까지 주요 역할은 석호의 가장 넓은 입구이자 베네체아에서 가장 가까운 리도 입구 옆의 석호를 방어하는 군사적 역할이었으며 제2차 세계대전 까지 군사적 역할을 계속했기 때문에 19세기 이전에는 인구가 거의 없는 섬 이기도 했음
- 특히 아름다운 해변으로 유명하며 여름에는 해수욕객들이 매우 많이 방문하고 리조트와 호텔이 해변가에 위치하여 휴가를 즐기기에도 좋은 주요 명소
- 영화제의 개최 장소로도 유명하고 전 세계적으로 유명한 영화인들이 모여 리도섬에서 영화를 관람하고 소개하는 것으로 알려져 있음

• 산 조르조 마조레 대성당 종탑에서 바라본 리도섬*

9

베네치아 기타 자료

1. 베네치아 가면 축제
베네치아를 상징하는 세계적인 가면 축제

- Carnevale di Venezia. 베네치아에서 매년 열리는 축제로, 정교한 의상과 가면 때문에 세계적으로 유명함. 카니발은 2월 말부터 재의 수요일 사순절이 시작되기 하루 전인 참회의 화요일(Martedì Grasso 또는 Mardi Gras)까지 개최됨
- 1162년 베네치아 공화국이 아퀼레이아 총대주교 울리히 2세 폰 트레벤(Ulrich II von Treven)에게 군사적 승리를 거둔 후 시작되었다고 전해지며 르네상스 시대에 공식화됨
- 중세시대부터 수세기에 걸쳐 전통적으로 이어져 온 축제로 1797년에 나폴레옹의 베네치아 점령으로 인해 중단된 이후 1979년부터 현대적인 형태로 재개됨
- 오늘날 세계적으로 유명한 축제로 화려한 가면과 의상, 퍼레이드, 공연 등 다양한 이벤트로 인해 약 300만 명에 이르는 많은 관광객과 예술가들이 모여 베네치아를 활기차게 만드는 요소 중 하나임

• 베네치아 카니발 축제의 가면 콘테스트

출처: carnevale.venezia.it

2. 주요 특징

구분	내용
카니발 마스크	- 마스크는 항상 베네치아 카니발의 중요한 특징임 - 카니발에서 주로 착용하는 마스크들은 풍자적이고 과장된 모습이 특징인 경우가 많음 - 축제 참가자들은 전통적인 의상부터 현대적인 디자인의 가면까지 다양한 스타일의 의상을 착용하여 축제를 즐기고 다양한 이벤트에 참여함 - 과거 일상에서 가면을 착용하는 것은 엄격하게 금지되었지만 산토 스테파노 축제 (성 스테파노의 날, 12월 26일)와 카니발 시즌이 끝나는 참회 화요일 자정 사이에 가면을 착용하는 것이 허용되었음 - 마스크를 착용하기 시작한 이유는 가면으로 얼굴을 가리는 것이 유럽 역사상 가장 엄격한 계급 계층을 모방하고자 했던 것에서 기원한 것으로 전해짐
가면 퍼레이드	- 가면 축제의 가장 중요한 행사 중 하나로 가면을 쓴 참가자들이 산 마르코 광장과 베니치아의 다른 중심 지역을 퍼레이드함 - 축제의 하이라이트라고 할 수 있으며 베네치아 관광객들과 축제 참가자들이 함께 즐기는 이벤트
이벤트와 경연	- 축제 기간 동안 다양한 공연과 음악 이벤트가 개최되며 최고의 의상 및 가면을 수상하는 '가장 아름다운 마스크(a maschera più bella)' 콘테스트도 진행됨

2. 베네치아 국제 영화제
황금사자상을 수여하는 세계 최초의 국제 영화제

1. 개요

- ▣ 이탈리아의 비엔날레 조직위원회가 국제적으로 영화의 발전과 상호 교류를 촉진하고 세계 각국의 영화를 한 곳에서 모아 관객들에게 보여 주는 기회를 제공하기 위해 베네치아 비엔날레의 일환으로 1932년 8월 개최
- ▣ 베네치아 리도섬에서 매년 8월 말이나 9월 초에 개최되는 영화제로 캐나다 토론토 영화제, 미국 선댄스 영화제와 함께 유럽 3대 영화제를 포함하는 세계 5대 국제영화제 중 하나이자 세계에서 가장 오래된 영화제
- ▣ 세계적인 영화 작품을 발표하고 새로운 감독과 배우들을 소개하는 데 중점을 두고 있을 뿐만 아니라 '황금사자상(Golden Lion)'이라고 불리는 주요 상을 수여하여 최고의 영화 작품에 명예와 인정을 제공하고 있음

• 베네치아 국제 영화제

2. 역사

구분	내용
1930년대	- 최초의 베네치아 국제 영화제 '에스포시치오네 다르테 치네마토그라피카(Esposizione d'Arte Cinematografica)'는 1932년 제18회 베네치아 비엔날레(1932년 7월 6일부터 8월 21일까지)의 일부로 주세페 볼피 디 미수라타 백작, 비엔날레 회장, 조각가 안토니오 마라이니의 후원으로 개최됨
1940년대	- 2차 세계대전으로 인해 제3회 이후 영화제가 중단되었다가 전쟁이 끝난 후 1946년 키네마 산 마르코(Cinema San Marco)에서 상영되면서 다시 개최 - 특히 1947년 축제는 두칼 팔라체(Ducal Palace) 안뜰의 화려한 환경에서 열렸으며 기록적인 관객 수는 9만 명에 이르렀음
1950년대	- 새로운 유형의 영화(일본, 인도)가 황금사자상을 수상하고 신흥 영화 제작자 등장으로 인해 전 세계적인 주목을 받음
1960년대 ~1970년대	- 1963년부터 1968년까지 루이지 키아리니(Luigi Chiarini)가 영화제의 감독을 하는 동안 축제의 정신과 구조를 쇄신하고 전체 시스템의 총체적인 재편을 추진 - 키아리니가 감독을 수행하는 동안 영화 산업의 상업화 확대에 따른 점점 더 까다로워지는 영화 스튜디오의 정치적 압력과 간섭에 대해 확고한 입장을 취했으며 예술성을 선호하는 태도를 보여 줌 - 카르멜로 베네(Carmelo Bene), 카사베테스(Cassavetes) 및 카바니(Cavani)와 같은 신흥 감독들의 작품이 주목받았음 - 하지만 베네치아 영화제 또한 1668년도 사회적, 정치적으로 불안한 분위기를 피할 수 없었고 심지어는 1973년, 1977년, 1978년에는 영화제가 개최되지 않았으며 1669년부터 1679년까지 황금사자상이 수여되지 않았음
1980년대	- 상업적인 영화와 예술적인 영화를 모두 다루며 다양한 장르의 영화가 상영되고 다시 황금사자상이 수여되기 시작 - 1984년에는 이탈리아 국립영화평론가연맹이 독립적으로 운영하고 데뷔작과 두 번째 작품에 전념하는 국제 비평가 주간(International Critics' Week)인 SIC가 창설
1990년대	- 다양성과 혁신성을 높이는 방향으로 발전했으며 황금사자상을 받은 영화들은 국제적으로 큰 인기를 끌었음 - 전 세계적인 주목과 더불어 증가하는 대중들을 위해 상영 시설들을 확장하기 시작
2000년대	- 1999년에는 영화가 상영되던 팔라초 델 치네마(Palazzo del Cinema)와 함께 살라 페를라(Sala Perla)가 재구성 및 확장되었고 팔라(Pala) BNL의 좌석은 1,700개로 늘어났으며 영화계의 언론인과 전문가를 위한 팔라초 델 카시노(Palazzo del Casinò) 영화관도 확장 - 디지털 기술의 발전과 함께 이를 활용하여 새롭게 등장한 영화 형식이 주목을 받음
2010년대 ~현대	- 영화계의 주요 인물들과 신진 감독들을 모았으며 여성 감독들의 작품들이 주목받음 - 빅 5 국제 영화제 중 처음으로 2017년에 가상 현실 영화를 위한 새로운 섹션이 도입되었고 2022년에 베니스 이머시브(Venice Immersive)라는 이름으로 굳어짐 - 베니스 이머시브는 현재까지 영화 내 신흥 매체에 대한 전 세계적으로 가장 중요한 섹션임 - 제 81회 국제 영화제는 2024년 8월 28일부터 9월 7일까지 개최되었으며 알베르토 바르베라 감독이 주관함

• 2024년 황금사자상을 수상한 스페인 감독 페드로 알모도바르

• 2023 베네치아 영화제

3. 베네치아의 대표 음악가

비발디, 로시니, 바그너

1. 개요

■ 베네치아는 이탈리아 음악 발전에 중요한 역할을 해 왔으며 실제로 중세 베네치아 공화국은 흔히 '음악 공화국'으로 불리기도 함

■ 베네치아 오페라는 17세기 말부터 18세기 초에 이르는 기간 동안 황금기를 누렸으며 이 기간에는 특히 베네치아의 세 가지 주요 오페라 극장인 산 카시아노 극장, 산 모이제 극장, 라 페니체 극장에서 활발한 활동이 이루어짐

■ 베네치아 오페라는 대중 예술로서 상당한 인기를 끌었으며 다양한 작곡가들이 베네치아에서의 활동을 통해 오페라 작품을 제작하고 공연하면서 오페라 활동은 베네치아를 유럽 오페라의 중심지로 만들었을 뿐만 아니라 오페라가 이후에도 음악계에 큰 영향을 미치는 데 기여함

2. 주요 인물

구분	내용
 안토니오 루치오 비발디* (Antonio Lucio Vivaldi, 1678.03.04~ 1741.07.28)	- 베네치아 출신 작곡가이면서 거장 바이올리니스트로 바흐, 헨델과 함께 가장 위대한 바로크 작곡가 중 하나 - 바이올린과 기타 다양한 악기를 위한 많은 기악 협주곡은 물론 신성한 합창 작품과 50개 이상의 오페라를 작곡 - 작품 중 상당수는 버려진 아이들을 위한 집인 오스페달레 델라 피에타(Ospedale della Pietà)의 여성 음악 앙상블을 위해 작곡함 - 비발디의 음악적 명성은 20세기 초 그의 작품에 대한 많은 학문적 연구가 이루어지면서 다시 부활했으며 분실된 것으로 여겨졌던 비발디의 곡의 일부는 최근 2015년에 재발견됨 [주요 작품] 〈사계(The Four Seasons)〉 : 각 계절을 표현한 네 개의 악장으로 이루어져 있으며 자연의 소리와 환경을 음악적으로 표현한 점이 특징 〈글로리아(Gloria in D major, RV 589〉 〈라 피다 닌파(La fida ninfa)〉
 조아키오 안토니오 로시니* (Gioachino Antonio Rossini, 1792.02.29~ 1866.11.13)	- 39개의 오페라로 명성을 얻은 이탈리아 작곡가였으며 노래, 실내악, 피아노 곡, 종교 음악도 작곡했던 것은 물론 희극과 오페라 모두 새로운 기준을 세울 만큼 영향력이 컸음 - 그의 첫 오페라는 그가 18세였던 1810년 베네치아에서 공연되었으며 1810부터 1823년에 베네치아, 밀라노, 페라라, 나폴리 등에서 공연된 이탈리아 무대를 위한 34개에 달하는 오페라를 작곡함 - 약 40년 동안의 공백 끝에 1855년 파리로 돌아온 로시니는 토요일에 열리는 음악 살롱으로 다시 한 번 유명세를 타게 되자 이 살롱에 정기적으로 음악가들과 파리의 예술계와 패셔니스타들이 참석함 - 특히 19세기 초기 오페라의 중심지인 베네치아에서는 로시니의 작품이 무수히 많이 공연되었기 때문에 베네치아 음악에 광범위한 영향력을 주었다고 할 수 있음 [주요 작품] 〈세빌랴의 이발사〉(1816) : 기지와 풍자가 가득한 내용과, 경쾌하고 선율이 풍부한 음악 등 으로 로시니의 대표작으로 꼽힘 〈빌헬름 텔〉 : 로시니가 작곡한 오페라 중 최후의 작품

구분	내용
 빌헬름 리하르트 바그너* (Wilhelm Richard Wagner, 1813.05.22~1883.02.13)	- 독일의 작곡가, 극작가, 연출가, 지휘자, 음악 비평가 및 저술가였으며 독일 오페라의 대표적인 작곡가이자 19세기 유럽의 음악 및 문화 전체에 있어서도 독보적인 예술가 중의 하나 - 베네치아를 자신의 오아시스라고 칭하며 마차의 소음 등이 적었던 베네치아를 가장 조용한 도시라고 칭하면서 작업을 위해 체류를 자주 하기도 함 - 1883년 2월 13일 바그너는 심장마비로 베네치아 대운하 위의 팔라초 벤드라민(Palazzo Vendramin)에서 향년 71세의 나이로 사망 - 사후 바그너가 살았던 집의 일부는 시립 카지노 카 벤드라민 칼레르기(Ca' Vendramin Calergi) 내부에 위치한 바그너 박물관(Museo Wagner)으로 바뀌었으며 2003년부터 희귀 문서, 포스터, 악보, 서명된 편지, 그림, 기록, 석판화 및 기타 다양한 가보를 포함한 개인 컬렉션을 바그너 박물관에서 대중들에게 전시 - 이탈리아 출신의 음악가는 아니지만 그가 활동하던 당시 베네치아의 오페라, 음악극 등에 많은 영향을 주었고 베네치아를 영감의 오아시스로 여겼기에 바그너 박물관으로 베네치아에 대한 그의 애정을 기리고 있음
	[주요 작품] 〈탄호이저(Tannhauser)〉(1845) : '입장의 행진곡', '순례의 합창' 등이 유명함 〈로엔그린(Lohengrin)〉(1850) : 제 1막과 3막에서 나오는 전주곡 '신부들의 합창', 「입장 행진곡」 등이 유명함 〈트리스탄과 이졸데(Tristan und Isolde)〉(1865) : 중세의 전설을 토대로 작곡했으며 오페라 기법을 지양하고 악극이라는 무대 교향악의 시작으로 의의가 큼

사진 출처: 위키피디아

■ 이탈리아 오페라 약사

구분	내용
생성기 (16세기~17세기 초반)	- 오페라는 바로크 음악(16세기 말~18세기 중반) 시기의 르네상스 말기 이탈리아에서 발생 - 16세기 후반부터 17세기 초반까지의 이탈리아 오페라는 피렌체에서 시작되었으며 이 당시에는 작은 극장에서 카메라타와 같은 인터미조(Intermezzo) 장르의 음악 연극이 인기를 끌었음
성장기 (17세기 후반~18세기)	- 베네치아를 중심으로 황금기를 맞이했고 이 시기에는 음악적 전통을 이어 가는 가곡, 레치타티보, 악장, 앙상블 등의 장르가 등장하며 오페라의 구조와 스타일이 점차적으로 발전함
성숙기 (19세기~)	- 벨 칸토(Bel canto) 기법이 부상하여 로시니, 도니제티, 베르디와 같은 작곡가들이 활약함 - 감정 표현과 명료한 가사를 중시하는 특징이 강조되었고, 이는 이후의 오페라 발전에 큰 영향을 줌 - 20세기 이후 푸치니와 스트라빈스키 같은 작곡가들이 등장하여 이탈리아 오페라는 더욱 다양한 양상을 보여 줌

4. 베네치아 유리 공예 산업

무라노섬의 지리적 특성을 이용한 세계 최고 수준의 유리 공예

1. 개요

■ 일반적으로 베네치아의 북쪽에 위치한 무라노섬에서 제작되며 고대 시대부터 제작되어 베네치아만의 특별한 기술과 아름다움으로 지금까지도 명성이 널리 알려져 있는 것은 물론 전 세계에서도 최고 수준으로 평가받고 수집되고 있음

■ 베네치아의 유리 제조 공장은 1291년부터 법적으로 무라노에 집중되었는데 유리 공장에 종종 화재가 발생했던 것을 주변이 물로 이루어진 베네치아의 섬에서 제조하면서 해결할 수 있었으며 더불어 베네치아 유리 제조업자들은 유리 제조를 위한 독자적인 기술과 방법의 유출을 섬이라는 지리적 특징을 활용하여 막을 수 있었음

■ 현재 베네치아의 유리는 전통적인 유리 공예와 현대적인 디자인을 결합한 다양하고 인상적인 제품을 만드는 데에 일조하며 무라노섬은 베네치아를 방문하는 관강객들에게 유명한 관광 명소 중 하나임

• 무라노섬에서 제조된 말 형태의 유리 공예품

2. 주요 특성

구분	내용
높은 기술력	- 수세기에 걸쳐 발전하여 고도의 유리 제작 기술을 가지고 있으며 현재도 세계 최고 수준에 이름 - 13세기 유리 제조의 독자적인 기술력을 외부로 유출하지 않기 위해 규칙들이 만들어지기도 했으며 수세기 동안 장인들이 기술을 보존하고 개선시킨 덕분에 현재까지 인정받는 기술력이 됨 [주요 기술] · 크리스탈로(Cristallo): 중세 유리 기술이자 고온의 화로에서 다양한 색상의 금박이나 악세서리를 추가하여 유리를 장식하는 기법 · 스멜트(Smelting): 원료인 실리콘 산화물과 소다, 석회석 등을 함께 녹여 유리를 만드는 기법 · 마피아(Murrine): 작은 유리 튜브를 열어 단면을 보여 주는 고유한 디자인을 만드는 기법
제품 특징	- 다양한 색상과 화려한 디자인과 더불어 강렬한 색감이 작품의 인상을 강하게 남기는 것이 특징 - 화려한 금 장식, 은 장식 등을 이용하여 고급스럽고 우아한 분위기를 연출할 뿐만 아니라 빛과 반사를 활용하여 베네치아 유리 공예품만의 아름다움을 고조시킴 - 투명도를 조절할 수 있는 고도의 기술로 빛의 효과를 표현하는 데에 뛰어남 - 램프, 그릇, 조각품 등의 다양한 형태로 만들어져 일상에서의 용도와 장식품으로서의 용도에도 활용됨
현대의 방향성	- 현재까지도 베네치아의 고유 전통 기술이 계속 유지되고 있으며 장인들에 의해 전통 기술이 보존되고 전수됨 - 현대적인 디자인을 결합하여 세련된 느낌을 주는 것은 물론 단순히 장식품을 만드는 것이 아니라 현대 미술의 일부로서 자신만의 작품을 만드는 것이 특징임 - 현재도 이탈리아의 중요한 문화로 여겨지고 있음 - 쉽고 저렴하게 대량 생산할 수 있는 다른 유리 산업에 의해 상업적 위험에 직면해 있으나 독창적이고 고유한 기술을 사용한 제품들로 대응하고 있음

5. 마르코 폴로

중세 유럽과 중국의 문화 교류를 촉진한 14세기 베스트셀러 작가

■ 마르코 폴로(Marco Polo, 1254~1324. 1. 8.)는 13세기 탐험가로 중세 유럽인 중 최초로 중국과의 외교 및 무역 관련 정보를 기록한 인물이자 1271년부터 1295년 사이 실크로드를 따라 아시아를 여행하면서 중세 유럽과 중국의 문화 교류를 촉진한 14세기 베스트셀러 작가

■ 마르코 폴로가 활동하던 13세기 후반에서 14세기 초반에는 몽골 제국과 같은 아시아 여러 제국이 번영하던 시기였으며 특히 유럽에서 다른 대륙으로의 해외 탐험과 함께 상업 및 경제의 중심으로의 전환이 만연하던 시기

■ 마르코 폴로의 탐험과 관련한 이야기들은 유럽에서 르네상스 시기의 전선이었으며 해당 시기에 있었던 예술, 문학, 과학의 발전에 큰 영향을 주었을 뿐 아니라 서로 다른 문화 간의 접촉과 교류를 증진시키는 계기가 됨

• Marco Polo의 16세기 초상화*

2. 생애 및 업적

구분	내용
출생 및 유년기	- 1254년 베네치아 유명 상인 가문에서에서 태어남 - 어린 시절부터 가족과 함께 유럽과 아시아를 여행하며 상업 활동 - 외화, 감정, 화물선과 관련된 상업 과목에 대해 학습하며 학창 시절을 보냄
동아시아 여행	- 1271년 가족들과 함께 실크로드를 따라 캐세이패시픽(중국)에 도착하는 장대한 여정을 떠남 - 몽골 제국의 통치자 쿠빌라이 칸에게 능력을 인정받아 외국 특사로 임명되었고 인도, 인도네시아, 스리랑카, 베트남 등 남아시아 전역에 걸쳐 외교사절단으로 파견함 - 약 17년 동안 유럽인들에게 알려지지 않았던 외교 및 상업 관련 사항을 조사 - 중국에 도착한 최초의 유럽인은 아니었으나 자신의 경험을 자세히 기록한 최초의 인물
동방견문록	- 외국 특사로 활동하며 경험했던 것들을 책에 기록함 - 직접 보고 들었던 내용과 무역에 관한 지식 등이 상세하게 기록되어 있으며 중국의 문화, 경제, 정치 등과 같은 정보도 포함 - 중국에 대한 유럽의 많은 흥미와 호기심을 자아냄 - 특히 중국에 대한 중요한 정보들을 담고 있기에 당시 유럽 사회에 중국의 존재와 문명에 대한 인식을 널리 퍼뜨림
중요성 및 평가	- 서로 다른 문화 간의 접촉과 교류를 증진시키는 데에 중요한 역할을 했고 《동방견문록》은 동서양 사이의 연결고리에서 중요한 역할을 함 - 중국과 유럽의 지리적, 문화적, 경제적 교류에 큰 영향을 미침 - 비록 일부 세부 사항에 대한 신뢰성에 의문이 있는 것은 사실이나 중세 시대 유럽과 아시아 간의 문화 교류가 어떻게 일어났는지 이해하는 데에 도움을 주는 것이 주목할 만한 점임

10

기타 자료

1. 세계 주요 도시별 면적·인구 현황(2023년 기준)

도시	면적(km²)	인구(명)	인구밀도(명/km²)
뉴욕	789.4	8,258,035	10,461
런던	1,579	8,982,256	5,689
파리	105.4	2,102,650	19,949
도쿄	2,194	13,988,129	6,376
베를린	891	3,769,495	4,231
함부르크	755	1,910,160	2,530
서울	605.2	9,919,900	16,397
암스테르담	219.3	821,752	3,747
로테르담	319.4	655,468	2,052
샌프란시스코	121.5	808,437	6,654
밀라노	181.8	1,371,498	7,544
베네치아	414.6	258,051	622

2. 세계 초고층 빌딩 현황

순위	건물 명칭	도시	국가	높이(m)	층수	착공	완공(예정)	상태
1	부르즈 칼리파	두바이	사우디 아라비아	828	163	2004	2010	완공
2	메르데카 118	쿠알라룸푸르	말레이시아	680	118	2014	2023	완공
3	상하이 타워	상하이	중국	632	128	2009	2015	완공
4	메카 로얄 시계탑	메카	사우디 아라비아	601	120	2002	2012	완공
5	핑안 금융 센터	심천	중국	599	115	2010	2017	완공

순위	건물 명칭	도시	국가	높이 (m)	층수	착공	완공 (예정)	상태
6	버즈 빙하티 제이콥 앤 코 레지던스	두바이	사우디 아라비아	595	105		2026	건설중
7	롯데월드타워	서울	한국	556	123	2009	2016	**완공**
8	원 월드 트레이드 센터	뉴욕	미국	541	94	2006	2014	**완공**
9	광저우 CTF 파이낸스 센터	광저우	중국	530	111	2010	2016	**완공**
10	텐진 CTF 파이낸스 센터	텐진	중국	530	97	2013	2019	**완공**
11	CITIC 타워	베이징	중국	527	109	2013	2018	**완공**
12	식스 센스 레지던스	두바이	사우디 아라비아	517	125	2024	2028	건설중
13	타이베이 101	타이베이	중국	508	101	1999	2004	**완공**
14	중국 국제 실크로드 센터	시안	중국	498	101	2017	2019	**완공**
15	상하이 세계 금융 센터	상하이	중국	492	101	1997	2008	**완공**
16	텐푸 센터	청두	중국	488	95	2022	2026	건설중
17	리자오 센터	리자오	중국	485	94	2023	2028	건설중
18	국제상업센터	홍콩	중국	484	108	2002	2010	**완공**
19	노스 번드 타워	상하이	중국	480	97	2023	2030	건설중
20	우한 그린랜드 센터	우한	중국	475	101	2012	2023	**완공**
21	토레 라이즈	몬테레이	멕시코	475	88	2023	2026	건설중
22	우한 CTF 파이낸스 센터	우한	중국	475	84	2022	2029	건설중
23	센트럴파크 타워	뉴욕	미국	472	98	2014	2020	**완공**
24	라크타 센터	세인트 피터스버그	러시아	462	87	2012	2019	**완공**
25	빈컴 랜드마크 81	호치민	베트남	461	81	2015	2018	**완공**

3. 세계 주요 도시의 공원

번호	도시, 국가	공원 이름	면적(km²)	설립 연도
1	런던, 영국	리치먼드 공원(Richmond Park)	9.55	1625
2	파리, 프랑스	부아 드 불로뉴(Bois de Boulogne)	8.45	1855
3	더블린, 아일랜드	피닉스 공원(Phoenix Park)	7.07	1662
4	멕시코시티, 멕시코	차풀테펙 공원(Bosque de Chapultepec)	6.86	1863
5	샌디에이고, 미국	발보아 파크(Balboa Park)	4.9	1868
6	샌프란시스코, 미국	골든게이트 공원(Golden Gate Park)	4.12	1871
7	밴쿠버, 캐나다	스탠리 파크(Stanley Park)	4.05	1888
8	뮌헨, 독일	엥글리셔 가르텐(Englischer Garten)	3.70	1789
9	베를린, 독일	템펠호퍼 펠트(Tempelhofer feld)	3.55	2010
10	뉴욕, 미국	센트럴 파크(Central Park)	3.41	1857
11	베를린, 독일	티어가르텐(Tiergarten)	2.10	1527
12	로테르담, 네덜란드	크랄링세 보스(Kralingse Bos)	2.00	1773
13	런던, 영국	하이드 파크(Hyde Park)	1.42	1637
14	방콕, 태국	룸피니 공원(Lumpini Park)	0.57	1925
15	글래스고, 영국	글래스고 그린 공원(Glasgow Green)	0.55	15세기
16	도쿄, 일본	우에노 공원(Ueno Park)	0.53	1924
17	암스테르담, 네덜란드	폰덜 파크(Vondel park)	0.45	1865
18	함부르크, 독일	플란텐 운 블로멘(Planten un Blomen)	0.47	1930
19	로테르담, 네덜란드	헷 파크(Het Park)	0.28	1852
20	도쿄, 일본	하마리큐 공원(Hamarikyu Gardens)	0.25	1946
21	에든버러, 영국	미도우 공원(The Meadows)	0.25	1700년대
22	바르셀로나, 스페인	구엘 공원(Park Güell)	0.17	1926
23	밀라노, 이탈리아	몬타넬리 공공 공원 (Giardini pubblici Indro Montanelli)	0.17	1784
24	파리, 프랑스	베르시 공원(Parc de Bercy)	0.14	1995
25	서울, 한국	여의도 공원(Yeouido Park)	0.23	1972
26	서울, 한국	서울숲(Seoul Forest)	0.12	2005

11

참고 문헌 및 자료

시오노 나나미, 김석희 역, 《주홍빛 베네치아》, 한길사

시오노 나나미, 정도영 역, 《바다 도시 이야기》, 한길사

남영우, 《도시 공간 구조론》, 법문사

김문일, 《베네치아의 건축》, 공간출판사

손세관, 《도시 읽기·주거 읽기, 베네치아》, 열화당

이호정, 《도시, 장소 그리고 맥락》, 태림문화사

김소연(2022), 〈밀라노 국제 가구 박람회를 통해 본 가구 디자인의 경향에 대한 연구〉, 《한국실내디자인학회 학술발표대회 논문집》, 제24권 3호

서영주, 〈물길을 통해 본 도시공간의 역사성에 관한 연구〉

정소익, 〈밀라노 도시계획법-PRG에서 PGT까지〉, 새건축사협의회, 《건축과 사회》 21, 2010. 09, pp. 143~151

하지영, 〈'물의 도시'의 공간 구성적 특성에 관한 연구〉

홍윤주(2017), 〈밀라노 가구박람회를 통해서 본 그린공간디자인 경향에 관한 연구— 2015~2017년 밀라노 가구 박람회를 중심으로〉, 《한국공간디자인학회 논문집》, 12(6), pp. 229~241.

Serra, S. Urban planning and the market of development rights in Italy: learning from Milan. City Territ Archit 8, 3 (2021).

2016 Urban Land Institute UCL Case Studied, 1025 Thomas Jefferson Street, NW Suite 500 West Washington, DC 20007-5201, February 2016

PGT Documento di Piano Milano 2030 Visione, Costruzione, Strategie, Spazi Relazione Generale Elaborato modificato a seguito della Delibera di C.C. n. 100 del 19/12/2022

See discussions, stats, and author profiles for this publication at: https://www.researchgate.net/publication/355378063

The Role of the Public Municipality in Urban Regeneration: the Case of Genoa

Conference Paper·September 2021

XU. CHUN. (2018/2019)"From historical to creative. Urban renewal of Milanese historical areas into cultural and creative industries", ,Politecnico di Milano School of Architecture Urban Planning Construction Engineering Master of Science

Pfeifer, L. (2014) "전술적 도시화에 대한 계획가의 가이드", Regina Urban Ecology.

〈reginaurbanecology.files.wordpress.com/2013]/10/tuguidel.pdf〉에서 검색함 Ricci,

G. (2020) "Le politiche urbane del post-lockdown will causee per trasformazioni radicali",

Domus, Milano. Valtolina, G. (2020) ""quindici minuti"의 도시 말라노: ecco the raggiungibilita dei servizi secondo i quartieri", Corriere della Sera, 2 ottobre.

BORTOLOTTI, Bernardo 2006 "Le privatizzazioni locali in Italia. Tra economia e politica", Dialoghi internazionali - citta'nel mondo no.2, Bruno Mondadori

BRENNA, Sergio 2004, La Citta'Architettura e politica, Hoepli

CARTA, Maurizio 2000, "L'identita'culturale come seconda luce dello sviluppo locale", Urbanistica no.114, INU

DENTE, Bruno 1990, Metropoli per progetti, Il Mulino

ERBA, Valeria 2002,"Ricerche per conoscere Milano, per progettare a Milano", Territorio no.21, Francoangelli

FOOT, John 2006, "Milan. Memory, change, the future? Some fragments", Dialoghi internazionali –
    citta'nel mondo no.1, Bruno Mondadori

MACCHI CASSIA, Cesare 2004, X Milano, Hoepli

MANZINI, Ezio 2002, "Il design a Milano", Milano distretto del design, Il sole 24 ore

MAZZA, Luigi 1999," Due domande per Milano", Territorio no.11, Francoangelli

MICELLI, Ezio 2004, Perequazione urbanistica, Marsilio

MORANDI, Corinna 2005, Milano: la grande trasformazione urbana, Marsilio

OLIVA, Federico 2002, L'urbanistica di Milano, Hoepli

OGGIONI, Giovanni 2006, "Dentro un percorso", Milano verso il Piano, Descrizioni e interpretazioni
    del territorio
milanese, INU

PASQUI, Gabriele 2007, "Chi decide la citta'. Campo e processi nelle dinamiche del mercato urbano",
    Milano
incompiuta, Quaderni del Dipartimento di Architettura e Pianificazione

RANZO, Patrizia 1994, La metropoli accidentale, Cronopio

TORRANI, P.Giuseppe 2006, "The Milan urban region and its role in global economy", Esperienze e
    paesaggi
dell'abitare, Abitare Segesta Cataloghi

VIELMI, Bruna 2006," Le nuove regole del PGT", Milano verso il Piano, Descrizioni e interpretazioni
    del territorio
milanese, INU

https://en.wikipedia.org/wiki/Provinces_of_Italy

https://en.wikipedia.org/wiki/Italy

https://oec.world/en/profile/country/ita

https://tradingeconomics.com/italy/imports

https://tradingeconomics.com/italy/exports

https://dream.kotra.or.kr/dream/cms/com/index.do?MENU_ID=4700

https://dream.kotra.or.kr/kotranews/cms/com/index.do?MENU_ID=220

https://overseas.mofa.go.kr/it-ko/index.do

https://www.khidi.or.kr/board/view?pageNum=10&rowCnt=10&menuId=MENU01858&maxIn-
    dex=&minIndex=&schType=0&schText=&categoryId=&continent=&country=&up-
    Down=0&boardStyle=&no1=24&linkId=13838143

https://doi.org/10.1186/s40410-021-00133-2

https://en.wikipedia.org/wiki/ADI_Design_Museum

https://en.wikipedia.org/wiki/Palazzo_Lombardia

https://it.wikipedia.org/wiki/Teatro_alla_Scala

https://en.wikipedia.org/wiki/Castello_Sforzesco

https://ko.wikipedia.org/wiki/%EB%91%90%EC%98%A4%EB%AA%A8

https://www.armanisilos.com/

https://www.archdaily.com/633906/armani-silos-giorgio-armani

https://sdwatch.eu/2019/08/milans-future-urban-regeneration-and-redevelopment-in-a-perspec-
    tive-of-sustainability/

https://www.archdaily.com/975778/new-urban-campus-for-bocconi-university-sanaa

https://m.blog.naver.com/PostView.naver?blogId=sdabocconi&logNo=221742774460&proxyReferer=

https://www.smarttoday.co.kr/news/articleView.html?idxno=25539

https://manens.com/citylife-project-ex-historical-milan-exhibition-area-redevelopment/

https://blog.naver.com/minianjeong/223322106268

https://pjypark0.tistory.com/entry/Unipol-Group-Headquarters-%EB%B0%80%EB%9D%B-
    C%EB%85%B8%EB%A5%BC-%EB%B3%80%ED%99%94%EC%8B%9C%ED%82
    %A8-%ED%98%81%EC%8B%A0%EC%9D%98-%EC%83%81%EC%A7%95

https://www.abitare.it/en/habitat-en/urban-design-en/2019/07/07/milan-ten-years-to-change-again/

https://www.yna.co.kr/view/AKR20220208176100109

https://www.domusweb.it/en/Advertorial/2023/07/27/the-new-velasca-tower-sustainable-regeneration.
    html

https://www.theplan.it/award-2023-investment-and-asset-management/torre-velasca-the-restoration-of-
    an-iconic-building-hines-fondo-hevf-italy-1

https://brunch.co.kr/@kimstarha/44

https://en.wikipedia.org/wiki/Giardini_Pubblici_Indro_Montanelli

https://base.milano.it/about/

https://www.linkedin.com/company/base-milano/

https://www.iguzzini.com/projects/project-gallery/base-milano/

https://www.fondazioneprada.org/

https://m.blog.naver.com/PostView.naver?isHttpsRedirect=true&blogId=hailey_hjkim&log-
    No=221737485086

https://pirellihangarbicocca.org/en/

https://en.wikipedia.org/wiki/HangarBicocca

https://artsandculture.google.com/partner/pirelli-hangarbicocca

https://it.wikipedia.org/wiki/Torre_Velasca

https://www.italia.it/en/lombardy/milan/pirelli-hangar-bicocca

https://blog.naver.com/wpteam/223082377258

https://www.unibocconi.it/

https://namu.wiki/w/%EB%B3%B4%EC%BD%94%EB%8B%88%20
    %EB%8C%80%ED%95%99%EA%B5%90

https://blog.naver.com/sdabocconi/221742774460

https://www.adidesignmuseum.org/en/

https://www.pcf-p.com/projects/palazzo-lombardia/

https://ko.cantonfair.net/location/4845-milan-palazzo-lombardia-italy

https://italiatut.com/en/palazzo-lombardia-milano/

https://triple.guide/articles/01aa762e-581d-4e82-9555-6e04d0858784

https://blog.kurby.ai/ko/the-10-best-neighborhoods-in-milan-italy/?utm_content=cmp-true이탈리아

https://travelhotelexpert.com/where-to-stay-in-milan-with-family/

https://www.wheresleep.com/milan.htm

https://www.urbanupunipol.com/ita/edifici/new-headquarter.html

https://www.museopertutti.org/musei/villa-necchi-campiglio-milano/

https://www.casemuseo.it/project/necchi-campiglio/

https://fondoambiente.it/luoghi/villa-necchi-campiglio

https://www.elledecor.com/it/best-of/a26752303/library-of-trees-milan-petra-blaisse/

https://bam.milano.it/en/

https://www.insideoutside.nl/Biblioteca-degli-Alberi-Milan

https://www.archdaily.com/1001076/bibilioteca-degli-alberi-park-inside-outside-architecture

https://www.inexhibit.com/case-studies/rail-yard-redevelopment-projects-acclaimed-international-archi-
tects-create-new-urban-scenarios-milan/

https://m.blog.naver.com/PostView.naver?isHttpsRedirect=true&blogId=hello_lastoria&log-
No=220784679313

https://www.city-life.it/

https://hestetika.art/completata-la-torre-pwc-disegnata-da-libeskind-a-citylife-a-milano/

https://www.travelhunter.co.kr/forum/view/673979

https://www.teatroallascala.org/it/index.html

https://www.milanocastello.it/en

https://en.wikipedia.org/wiki/Naviglio_Grande

https://www.nh-hotels.com/en/travel-guides/milan/naviglio-grande

https://www.italia.it/en/lombardy/milan/naviglio-grande

https://triennale.org/

https://www.bie-paris.org/site/en/about-triennale-di-milano

https://en.wikipedia.org/wiki/Triennale_di_Milano

https://www.ambrosiana.it/

https://it.wikipedia.org/wiki/Pinacoteca_Ambrosiana

https://pinacotecabrera.org/en/visit/

https://it.wikipedia.org/wiki/Pinacoteca_di_Brera

https://museopoldipezzoli.it/

https://it.wikipedia.org/wiki/Museo_Poldi_Pezzoli

https://fondoambiente.it/luoghi/villa-necchi-campiglio

https://www.casemuseo.it/project/necchi-campiglio/

https://it.wikipedia.org/wiki/Villa_Necchi_Campiglio

https://post.naver.com/viewer/postView.naver?volumeNo=34113330&memberNo=25516952&v-
Type=VERTICAL

https://www.galleriaartemodernaroma.it/

https://en.wikipedia.org/wiki/Galleria_d%27Arte_Moderna,_Milan
https://en.wikipedia.org/wiki/Galleria_Vittorio_Emanuele_II
https://www.introducingmilan.com/galleria-vittorio-emanuele-ii
https://www.yesmilano.it/en/see-and-do/venues/galleria-vittorio-emanuele-ii
https://en.wikipedia.org/wiki/Via_Monte_Napoleone
https://en.wikipedia.org/wiki/Corso_Buenos_Aires
https://www.viator.com/Milan-attractions/Corso-Buenos-Aires/overview/d512-a25836
https://milan.welcomemagazine.it/shopping-outlet/shopping/shopping-corso-buenos-aires/
https://www.roastery.starbucks.it/
https://echochamber.com/article/starbucks-reserve-roastery-milan/
http://lonelyplanet.co.kr/magazine/articles/AI_00002379
https://www.museoscienza.org/it
https://legraziemilano.it/
https://it.wikipedia.org/wiki/Chiesa_di_Santa_Maria_delle_Grazie_(Milano)
https://cenacolovinciano.org/story/santa-maria-delle-grazie/
https://museobagattivalsecchi.org/en
https://italics.art/en/tip/palazzo-bagatti-valsecchi/
https://museonivola.it/en
https://www.basilicasantambrogio.it/
https://it.wikipedia.org/wiki/Basilica_di_Sant%27Ambrogio
https://it.wikipedia.org/wiki/Chiesa_di_Santa_Maria_presso_San_Satiro
https://fondoambiente.it/luoghi/santa-maria-presso-san-satiro?ldc
https://www.museoarcheologicomilano.it/
https://it.wikipedia.org/wiki/Civico_museo_archeologico_di_Milano
https://www.sansirostadium.com/stadium/stadio-san-siro
https://it.wikipedia.org/wiki/Stadio_Giuseppe_Meazza
https://it.wikipedia.org/wiki/Stazione_di_Milano_Centrale
https://it.wikipedia.org/wiki/Giardini_pubblici_Indro_Montanelli
https://www.comune.milano.it/aree-tematiche/verde/verde-pubblico/parchi-cittadini/giardini-in-
    dro-montanelli
https://www.in-lombardia.it/it/turismo-in-lombardia/milano-turismo/giardini-milano/giardini-in-
    dro-montanelli
https://en.wikipedia.org/wiki/Cimitero_Monumentale_di_Milano
https://monumentale.comune.milano.it/
https://www.salonemilano.it/en
https://myfair.co/exhibition/95465
https://www.fuorisalone.it/
https://www.mindmilano.it/en/
https://www.lendlease.com/ita/projects/milan-innovation-district/

https://www.arexpo.it/en/mind/

https://www.arexpo.it/en/approved-the-integrated-action-plan-of-mind-milan-innovation-district/

https://www.abitare.it/en/habitat-en/urban-design-en/2022/07/10/sustainable-milan-new-designs-be-
yond-the-2026-olympics/

https://www.hines.com/properties/milanosesto-sesto-san-giovanni

https://www.abitare.it/en/habitat-en/urban-design-en/2022/07/10/sustainable-milan-new-designs-be-
yond-the-2026-olympics/

https://www.milanosesto.it/en/

https://www.mic-hub.com/project/milanosesto-next-city/

https://www.hines.com/properties/milanosesto-sesto-san-giovanni

https://tectoo.com/portfolio_page/masterplan-milanosesto-ucp-1a-district/

https://blog.naver.com/veteranmesse/223257253177

https://fashionweekdates.com/milan

https://academic-accelerator.com/encyclopedia/kr/milan-fashion-week

https://www.cameramoda.it/en/milano-moda-donna/

https://namu.wiki/w/%ED%8C%A8%EC%85%98%20%EC%9C%84%ED%81%AC

https://milanocortina2026.olympics.com/en/

https://jwiki.kr/wiki/index.php/%EB%B2%A0%EB%84%A4%EC%B9%98%EC%95%84

https://ko.wikipedia.org/wiki/%EB%B2%A0%EB%84%A4%EC%B9%98%EC%95%84_%EA%B3%B
5%ED%99%94%EA%B5%AD%EC%9D%98_%EC%97%AD%EC%82%AC

https://www.kinp.or.kr/bbs/board.php?bo_table=bbs26&wr_id=66&page=10

https://en.wikipedia.org/wiki/Venetian_Arsenal

https://www.comune.venezia.it/it/arsenaledivenezia

https://it.wikipedia.org/wiki/Bucintoro

https://www.labiennale.org/en/venues

https://en.wikipedia.org/wiki/Palazzo_Vecchio

https://en.wikipedia.org/wiki/St_Mark%27s_Basilica

https://en.wikipedia.org/wiki/Colosseum

https://en.wikipedia.org/wiki/Architecture_of_Italy

https://en.wikipedia.org/wiki/The_Birth_of_Venus

https://en.wikipedia.org/wiki/Giotto

https://m.blog.naver.com/appaloosa73/50187201811

https://en.wikipedia.org/wiki/Giardini_della_Biennale

https://en.wikiarquitectura.com/building/punta-della-dogana/

https://en.wikipedia.org/wiki/Punta_della_Dogana

https://fr.wikipedia.org/wiki/Biblioth%C3%A8ques_sans_fronti%C3%A8res

https://it.wikipedia.org/wiki/Procuratie

https://it.wikipedia.org/wiki/Negozio_Olivetti_(Venezia)

https://en.wikipedia.org/wiki/Assicurazioni_Generali

https://en.wikiarquitectura.com/building/punta-della-dogana/

https://en.wikipedia.org/wiki/Punta_della_Dogana

https://en.wikipedia.org/wiki/Peggy_Guggenheim_Collection

https://en.wikipedia.org/wiki/Peggy_Guggenheim

https://en.wikipedia.org/wiki/Palazzo_Grassi

https://en.wikipedia.org/wiki/Antonio_Vivaldi

https://en.wikipedia.org/wiki/Gioachino_Rossini

https://it.wikipedia.org/wiki/Richard_Wagner

https://www.italia.it/en/veneto/venice/things-to-do/venice-carnival

https://www.civitatis.com/blog/en/what-to-do-in-venice-for-carnival/

https://en.wikipedia.org/wiki/Carnival_of_Venice

https://carnevale.venezia.it/en/evento/best-mask-contest-daily-contest/2020-02-16/

https://en.wikipedia.org/wiki/St._Peter%27s_Basilica#Architecture

https://en.wikipedia.org/wiki/Orvieto_Cathedral

https://en.wikipedia.org/wiki/The_Incredulity_of_Saint_Thomas_(Caravaggio)

https://en.wikipedia.org/wiki/Last_Supper_%28Tintoretto%29

https://en.wikipedia.org/wiki/Venus_of_Urbino

https://ko.wikipedia.org/wiki/%ED%8B%B0%EC%B9%98%EC%95%84%EB%85%B8_%EB%B2%A0%0%EC%B2%BC%EB%A6%AC%EC%98%A4

https://ko.wikipedia.org/wiki/%EC%95%84%ED%85%8C%EB%84%A4_%ED%95%99%EB%8B%B9

https://ko.wikipedia.org/wiki/%EB%9D%BC%ED%8C%8C%EC%97%98%EB%A1%9C_%EC%82%B0%EC%B9%98%EC%98%A4

https://ko.wikipedia.org/wiki/%EC%B5%9C%ED%9B%84%EC%9D%98_%EB%A7%8C%EC%B0%AC_(%EB%A0%88%EC%98%A4%EB%82%98%EB%A5%B4%EB%8F%84_%EB%8B%A4_%EB%B9%88%EC%B9%98)

https://web.archive.org/web/20130719220239/http://www.artandeducation.net/paper/a-brief-history-of-i-giardini-or-a-brief-history-of-the-venice-biennale-seen-from-the-giardini/

https://artsandculture.google.com/story/discover-punta-della-dogana/UQJCmWfLVD0-IA

https://www.wallpaper.com/art/punta-della-dogana-venice

https://www.pinaultcollection.com/palazzograssi/en/pinault-collection-venice

https://davidchipperfield.com/projects/procuratie-vecchie-2

https://universes.art/en/art-destinations/venice/museums/procuratie-vecchie

https://www.arkitectureonweb.com/en/-/projects/the-home-of-the-human-safety-net

https://www.thehumansafetynet.org/

https://www.archdaily.com/980179/procuratie-vecchie-restoration-david-chipperfield-architects

https://fondoambiente.it/luoghi/negozio-olivetti

https://universes.art/en/art-destinations/venice/museums/negozio-olivetti

https://www.flickr.com/photos/jacqueline_poggi/16517661497

https://artsandculture.google.com/story/discover-punta-della-dogana/UQJCmWfLVD0-IA

https://www.wallpaper.com/art/punta-della-dogana-venice

https://www.pinaultcollection.com/palazzograssi/en/pinault-collection-venice

https://venicelover.com/peggy_guggenheim_collection.html

https://www.cntraveler.com/activities/venice/peggy-guggenheim-collection

https://en.venezia.net/venice-peggy-guggenheim-collection.html

https://www.guggenheim-venice.it/

https://www.tripadvisor.com

https://www.pinaultcollection.com

https://www.casinovenezia.it/it

https://imagesofvenice.com/wagner-in-venice/

https://www.hisour.com/

https://m.blog.naver.com/spacey/220335540266

https://chorusvenezia.org/contatti/

https://www.ancient-origins.net/ancient-places-europe/construction-venice-floating-city-001750

https://veneziaautentica.com/how-was-venice-built/

https://florencetips.com/palazzo_vecchio.html

https://www.planetware.com/florence/palazzo-vecchio-palazzo-della-signoria-i-to-fpv.htm

https://www.planetware.com/florence/palazzo-vecchio-palazzo-della-signoria-i-to-fpv.htm

https://www.fondazioneprada.org/visit/visit-venezia/?gad_source=1&gclid=CjwKCAiA3JCvBhA8Ei-
wA4kujZlcVJqcROXUhMYEF0Eok6KqV-oovqbBe7svXiIJLzBZONlesDhsHRBoCuWgQA-
vD_BwE

https://www.visitvenezia.eu/en/venetianity/discover-venice/ca-corner-della-regina-fondazione-pra-
da-from-nobility-to-art

https://universes.art/en/art-destinations/venice/museums/fondazione-prada-venezia

https://en.wikipedia.org/wiki/Fondazione_Prada

https://www.venezia.net/ca-corner-regina.html

https://events.veneziaunica.it/it/content/fondazione-prada-ca-corner-della-regina

https://myartguides.com/artspaces/foundations/venice/fondazione-prada-venice/

https://en.wikipedia.org/wiki/Palazzo_Corner_della_Regina

https://www.michelangelofoundation.org/en/fondazione-giorgio-cini

https://it.wikipedia.org/wiki/Fondazione_Giorgio_Cini

https://www.cini.it/chi-siamo

http://mightymac.org/europe12/12europe24.htm

https://it.wikipedia.org/wiki/Ponte_di_Rialto

https://www.introducingvenice.com/rialto-bridge

https://www.visitingvenice.net/attractions/ponte-di-rialto-rialto-bridge

https://en.wikipedia.org/wiki/Piazza_San_Marco

https://www.introducingvenice.com/piazza-san-marco

https://en.wikipedia.org/wiki/Doge's_Palace
https://en.wikipedia.org/wiki/St_Mark%27s_Campanile
https://en.wikipedia.org/wiki/St_Mark%27s_Basilica
https://www.venice-museum.com/st-marks-basilica.php
https://www.introducingvenice.com/basilica-san-marco
https://en.wikipedia.org/wiki/Doge%27s_Palace
https://www.introducingvenice.com/palazzo-ducale
https://www.veneto.info/venezia/cosa-vedere-venezia/ponte-dei-sospiri/
https://www.visitvenezia.eu/en/venetianity/tales-of-venice/the-secrets-of-ponte-dei-sospiri-in-venice
https://it.wikipedia.org/wiki/Ponte_dei_Sospiri
https://en.wikipedia.org/wiki/Bridge_of_Sighs
https://www.dreamgrandtour.it/ponte-dei-sospiri/
https://en.wikipedia.org/wiki/Gallerie_dell%27Accademia
https://www.lonelyplanet.com/italy/venice/sestiere-di-dorsoduro/attractions/gallerie-dell-accademia/a/poi-sig/399885/1320996
https://universes.art/en/art-destinations/venice/museums/accademia#c89186
https://www.musement.com/us/venice/rialto-fish-market-tour-164755/
https://independent-travellers.com/italy/venice/fish_market/
https://www.scoprivenezia.com/san-giorgio-maggiore
https://www.abbaziasangiorgio.it/progetti-culturali/
http://www.scuolagrandesanrocco.org/home-en/
https://en.wikipedia.org/wiki/Scuola_Grande_di_San_Rocco
https://en.wikipedia.org/wiki/Scuola_Grande_di_San_Rocco
https://www.introducingvenice.com/scuola-grande-san-rocco
https://rde.it/en/projects/palazzo-manfrin/
https://en.wikipedia.org/wiki/Palazzo_Priuli_Manfrin
http://www.camminandoavenezia.com/cosa-vedere/chiesa-di-san-geremia-e-santa-lucia/
https://www.santuariodilucia.it/project/il-santuario/
https://it.wikipedia.org/wiki/Chiesa_di_San_Geremia
https://bazartravels.com/places/piazza-baldassarre-galuppi/
https://en.wikipedia.org/wiki/Burano
https://www.isoladiburano.it/en/
https://www.italia.it/en/veneto/venice/venice-island-murano
https://en.wikipedia.org/wiki/Murano
https://fascination-venice.com/murano/
https://en.wikipedia.org/wiki/Caff%C3%A8_Florian
https://en.wikipedia.org/wiki/Venice_Lido
https://www.followingtherivera.com/things-to-do-in-lido-venice/
https://hotelsabovepar.com/hotel-excelsior-at-venice-lido-resort-review/

https://www.labiennale.org/en

https://www.archdaily.com/981085/first-look-at-the-architectural-installations-of-the-2022-venice-art-biennale

https://it.wikipedia.org/wiki/Biennale_di_Venezia

https://en.wikipedia.org/wiki/Venice_Biennale

https://en.wikipedia.org/wiki/Venice_Film_Festival

https://www.labiennale.org/en

https://imagesofvenice.com/the-venice-film-festival/

https://en.wikipedia.org/wiki/Venetian_glass

https://renvenetian.cmog.org/chapter/material-making-glass-renaissance-venice

https://www.santachiaramurano.com/history-of-murano.html

https://www.originalmuranoglass.com/horse-head-sculpture-in-chalcedony-murano-glass-detail.html

https://en.wikipedia.org/wiki/Marco_Polo

https://www.history.com/topics/exploration/marco-polo

https://en.wikipedia.org/wiki/Gentile_Bellini

https://en.wikipedia.org/wiki/Venetian_Renaissance

https://en.wikipedia.org/wiki/Titian

https://en.wikipedia.org/wiki/Giorgione

https://artincontext.org/venetian-renaissance-painters/

https://www.cmbcarpi.com/en/projects/porta-nuova-varesine

https://www.hines.com/properties/porta-nuova-isola---bosco-verticale-milan

https://www.heritage-history.com/index.php?c=resources&s=char-dir&f=emmanuel1i

https://en.wikipedia.org/wiki/Victor_Emmanuel_II

https://artsandculture.google.com/entity/victor-emmanuel-ii-of-italy/m0j504?hl=en

https://www.britannica.com/biography/Victor-Emmanuel-II

https://www.britannica.com/biography/Giuseppe-Garibaldi/Kingdom-of-Italy

https://en.wikipedia.org/wiki/Giuseppe_Garibaldi#Second_Italian_War_of_Independence

https://www.italiaoutdoors.com/index.php/sign-up-information/744-history-of-italy/history-of-the-kingdom-of-italy/1293-history-garibaldi

https://www.britannica.com/biography/Giuseppe-Garibaldi/Retreat

https://www.incaet.it/en/progetti/galleria-vittorio-emanuele-ii/#:~:text=The%20imposing%20dimensions%20of%20the,total%20height%20of%2047%20m

https://lombardiasecrets.com/en/best-design/10-corso-como/

https://images.app.goo.gl/Xx1zVReFDauzV7rz5

https://www.tickets-milan.com/duomo-milan/madonnina-statue/

https://www.introducingmilan.com/basilica-di-sant-ambrogio

https://it.wikipedia.org/wiki/Consorzio_Venezia_Nuova

https://www.washingtonpost.com/world/europe/how-venices-plan-to-protect-itself-from-flooding-became-a-disaster-in-itself/2019/11/19/7e1fe494-09a8-11ea-8054-289aef6e38a3_story.html

https://commons.wikimedia.org/wiki/File:03_movimento_paratoie.jpg
https://www.mosevenezia.eu/project/?lang=en
https://vmspace.com/report/report_view.html?base_seq=MjYyNA==
https://www.slideshare.net/vibhagoyal4/venice-urban-development
https://allaboutvenice.com/how-was-venice-built/
https://www.responsibletravel.com/copy/overtourism-in-venice
https://www.venicetoursitaly.it/blog/why-was-venice-built-on-water/
https://veneziaautentica.com/how-was-venice-built/ .
https://en.wikipedia.org/wiki/Venice
https://www.inexhibit.com/specials/venice-art-biennale-2022-the-milk-of-dreams/
https://compassandpine.com/europe/italy/venice/accademia-gallery-venice/
https://arte.sky.it/archivio/2021/05/biennale-architettura-venezia-mostra-internazionale
https://www.artribune.com/arti-performative/musica/2017/10/biennale-musica-oriente-occidente-venezia/
https://www.arteincampania.net/la-biennale-di-venezia-2022-lesposizione-internazionale-darte/

보도자료

https://www.maisonkorea.com/interior/2020/01/%EC%A1%B0%EB%A5%B4%EC%A7%80%EC%98%A4-%EC%95%84%EB%A5%B4%EB%A7%88%EB%8B%88%EC%9D%98-%EC%95%84%EB%A5%B4%EB%A7%88%EB%8B%88-%EC%82%AC%EC%9D%B-C%EB%A1%9C%EC%8A%A4/
https://www.vogue.co.kr/2015/07/07/%EB%B0%95%EB%AC%BC%EA%B4%80%EC%9D%B4-%EC%82%B4%EC%95%84%EC%9E%88%EB%8B%A4-%E2%91%A2-%EC%95%84%EB%A5%B4%EB%A7%88%EB%8B%88%EC%82%AC%EC%9D%BC%EB%A1%9C/
http://coffeetv.co.kr/article/article?sca=tour&sc2=3&id=2206
https://atlas.hubin-project.eu/case/base-milano/
https://www.kbmaeil.com/news/articleView.html?idxno=452437
https://www.busan.com/view/busan/view.php?code=2023110214091482292
https://www.maisonkorea.com/interior/2020/01/%EB%B0%80%EB%9D%BC%EB%85%B8%EB%A5%BC-%ED%95%9C-%EB%88%88%EC%97%90-%ED%8F%B0%ED%83%80%EC%B9%98%EC%98%A4%EB%84%A4-%ED%94%84%EC%9D%BC%EB%8B%A4/
https://jmagazine.joins.com/forbes/view/325870
https://www.vop.co.kr/A00001574128.html
https://www.designdb.com/?menuno=1280&bbsno=7268&siteno=15&act=view&ztag=rO0ABX-QAOTxjYWxsIHR5cGU9ImJvYXJkIiBubz0iOTg5IiBza2luPSJwa3b19iYnNfM-jAxOSI%2BPC9jYWxsPg%3D%3D
https://gaguzine.com/showroom/?q=YToxOntzOjEyOiJrZXl3b3JkX3R5cGUiO3M6MzoiYWx-

sIjt9&bmode=view&idx=7028301&t=board

https://www.yesmilano.it/en/see-and-do/venues/adi-design-museum-compasso-doro

https://milan.welcomemagazine.it/discover-milan/sightseeing/palazzo-lombardia/

https://www.pilotguides.com/articles/fabric-for-a-king-made-by-mermaids-burano-lace/

https://olympics.com/ko/news/milano-cortina-2026-unveils-mascots-tina-and-milo

https://mobile.newsis.com/view.html?ar_id=NISX20231016_0002484674#_PA

https://plus.hankyung.com/apps/newsinside.view?aid=202310161798Y&category=&sns=y

https://www.kookje.co.kr/news2011/asp/newsbody.asp?code=1700&key=20230426.22018007958

https://magazine.hankyung.com/business/article/202401154306b

http://luxury.designhouse.co.kr/magazineView/64762c2f4a684623eac6503f

https://www.vogue.co.kr/2014/05/16/%ED%8C%A8%EC%85%98-%EA%B0%95%EA%B5%AD-
%EC%9D%B4%ED%83%88%EB%A6%AC%EC%95%84/

https://www.bbc.com/korean/features-63100903

https://news.artnet.com/art-world/venice-biennale-giardini-2103322

http://luxury.designhouse.co.kr/magazineView/64762c2f4a684623eac6503f

https://edition.cnn.com/style/article/venice-biennale-2022-art-guide/index.html

https://venezhttps://www.sedaily.com/NewsView/1VS0ARWA4E

https://www.bbc.com/travel/article/20240107-the-travels-of-marco-polo-the-true-story-of-a-14th-cen-
tury-bestseller

https://www.sedaily.com/NewsView/1VS0ARWA4E

https://abcnews.go.com/International/venices-1000-year-tradition-glass-making-sees-artistic/sto-
ry?id=64927484

https://www.hollywoodreporter.com/movies/movie-news/venice-film-festival-sag-actors-strike-stars-
european-plan-b-1235538407/

https://www.houseandgarden.co.uk/article/a-brief-history-of-the-venice-biennale

https://www.abitare.it/en/habitat-en/urban-design-en/2022/07/10/sustainable-milan-new-designs-be-
yond-the-2026-olympics/

https://m.fashionn.com/board/read.php?table=worldfashion&number=50110

https://www.edaily.co.kr/news/read?newsId=01938486615832816&mediaCodeNo=257

https://www.yeongnam.com/web/view.php?key=20150820.010150746050001

https://www.living-sense.co.kr/news/articleView.html?idxno=62212